家具设计与构造图解

FURNITURE DESIGN AND CONSTRUCTION FOR THE INTERIOR DESIGNER

[美] 克里斯托弗·纳塔莱 编著
(Christopher Natale)

蔡克中 李静 田静 译

U0244591

 中国青年出版社
CHINA YOUTH PRESS

 中商雄狮

版权登记号：01-2016-7837

图书在版编目（CIP）数据

家具设计与构造图解 /（美）克里斯托弗·纳塔莱编著；蔡克中，李静，田静译.
— 北京：中国青年出版社，2016.12
书名原文：Furniture Design and Construction for the Interior Designer
美国设计大师经典教程
ISBN 978-7-5153-4586-4
I.①家… II.①克… ②蔡… ③李… ④田… III.①家具－设计－教材
IV.①TS664.01
中国版本图书馆CIP数据核字（2016）第275769号

美国设计大师经典教程
家具设计与构造图解
[美]克里斯托弗·纳塔莱（Christopher Natale）/ 编著
蔡克中　李静　田静 / 译

出版发行：中国青年出版社

地　　址：北京市东四十二条21号
邮政编码：100708
电　　话：（010）50851188 / 50851189
传　　真：（010）50851111
企　　划：北京中青雄狮数码传媒科技有限公司

责任编辑：张　军
助理编辑：杨佩云
专业顾问：马珊珊
封面制作：吴艳蜂

印　　刷：三河市文通印刷包装有限公司
开　　本：889×1194　1/16
印　　张：9.5
版　　次：2017年2月北京第1版
印　　次：2019年1月第2次印刷
书　　号：ISBN 978-7-5153-4586-4
定　　价：59.80元

本书如有印装质量等问题，请与本社联系
电话：（010）50856188 / 50856199
读者来信：reader@cypmedia.com
如有其他问题请访问我们的网站：www.cypmedia.com

目录　Contents

扩展目录

Part 1 家具设计工具

Part 2　生活空间家具设计

前言

　　本书编者的写作目的是满足室内设计领域中家具美学与构造的教学需求。本书选取历史与当代设计案例，着重解读设计风格的变迁。Part1介绍了家具设计基础及所需工具，包括家具风格样式、设计过程、基本材料、五金件、细木工与涂饰工艺等几部分、Part2中对基于家具的个性化特点的打造进行分步解析，并通过可视化实例来详细说明家具设计的专业流程。室内设计师们通过本书将学会如何充满信心地进行图纸设计，以及应该怎样向客户或定制家具制造商进行图纸讲解。

　　本书始终以室内设计师的视角与思路进行分析和说明，因此，不同于以往直接展示如何打造某款特定风格的家具，本书不单单从整体上讲解如何打造家具，更是要与读者分享打造理想作品的秘籍。

　　除了介绍美国家具的发展历程，本书也向读者们展示了家具制图中草图和效果图渲染的方法。此外，本书还向读者介绍了不同类型材料的区别，部分材料甚至能够对家具的成型尺寸、规格起到决定性作用。同时，本书也对家具部件间的连接方式及多种涂饰工艺进行了讲解。

　　由于室内设计师的任务就是组织和营造宜居空间，本书Part2便以房间为空间划分依据，展示如何根据特定空间打造家具。了解家具的打造过程，能够更好地帮助读者构思出优秀的设计方案。而由于室内设计师们通常并不会亲自制作家具，因此本书展示了如何进行图纸设计才能让定制家具制造商制作的家具更符合设计师的内心期望。而在本书的结尾，特别强调了作为一名合格的室内设计师，必须在家具设计及家具所蕴藏内涵的体现、解读上有强烈的自信。本书讲解面向住宅设计的定制家具设计与打造，非住宅家具设计通常使用系统家具。而由于生产、运输、材料及涂饰等的差异，系统家具设计与定制家具设计完全不同。

　　本书插图展示了家具设计、制作的各个环节，包括细木工艺、剖视图及成品等。一些插图还展示了多种不同类型的图纸与分解视图，同时有大量的细节照片与完成品照片与图纸相对应。

设计理念

作者的设计方法是将家具视为一件功能性雕塑品。当然，除了实用性目的外，一件好的家具也可以被视为艺术的焦点，或者大空间里的亮点。以人体尺寸比例为参考，可以粗略估算出物品的大小尺寸。在各种组合和可能性的尝试中，可将美学和材料结合融入到创作过程中。创意决策皆从人性化出发，因此最终产品有较高的艺术审美价值，且是舒适度与功能性的结合。

家具设计是思维创意的主要展示途径，因为它总能够点燃创作激情，既能够探索艺术新奇之旅，也积累了手工制作的实践经验。作者的设计很大程度受古典造型与比例、原材料特性及产品用途等的影响。作为一名设计师，主要工作就是将所有元素以一种全新的方式进行融合，为大家提供视觉与身心上的愉悦。作者的很多设计灵感来源于帆船与飞机造型，不仅因为它们具有优美的线条，更因为它们都实现了外形与功能的和谐统一。

教学理念

作者在课堂上使用五步教学法，旨在令那些充满艺术追求欲望的学生们尽可能快地具备丰富的学习经验。

▶ 第一步：树立明确的学习目标。学生们需要了解如何在一节课程或练习中运用特定原理或技术。

▶ 第二步：提供一些具有启发性的专业人士或学生作品作为参考视觉实例。因为艺术是一个视觉感受过程，所以最终作品和学习目标之间的精神联系是至关重要的。

▶ 第三步：提出创造性解决问题的范例。为了避免在一开始就变得不知所措或充满沮丧，从着手到完成，学生们需要有观念或技术的路径指引来跟随模仿。

▶ 第四步：发起实践活动，引导学生们通过不断尝试摸索的过程来找到属于自己的问题解决方案与方式。

▶ 第五步：挖掘每位学生独立的艺术家天赋，不要只局限于某一种创意方案。

除了天分，艺术学习经验的评估必须充分考虑到个人的努力与成长。

首先我想感谢四位老师，他们多年来一直在帮助我塑造设计风格并建立自信。第一位是乔治·兰迪诺老师，他让我了解到我可以做出独特而有趣的设计，也帮我打下了装备配制造的基础；第二位是和第三位凯伦·托马斯和汤姆·缪尔老师，他们从我在美国创意设计学院起便督促我不断学习和完善设计背后的技术、制造、概念等内容，使我能够从一个简单的想法出发，最终绘制出数以百计的图纸。第四位是戴夫·皮门特尔，是我在亚利桑那州立大学的老师，他帮助我开启了一种全新的家具设计与制造方式。

其次感谢出版社中所有为本书付出过努力的工作人员，包括启动整个过程的策划编辑米兰达·约瑟夫，开发编辑劳拉·劳瑞，帮助我组织和完善书稿的高级开发编辑帕特丽夏·肖格伦和詹妮弗·科瑞恩等。

最后，我要特别感谢我的妻子妮可及朋友托尼艾克里，感谢他们的支持。也要感谢凤凰城艺术学院的同事、学生和朋友们，特别是卡罗尔·莫罗、鲍勃·亚当斯、玛丽斯·朱斯皮特、彼得·哈利法克斯、亚历克斯·西蒙和辛迪斯·特德曼。最后，感谢梅·邓恩–帕伦斯基，感想他为我提供教学并与学生分享家具设计经验的宝贵机会。

Part-1

家具设计工具

Chapter 1

家具风格

　　本章前一部分对从哥特时期（1150~1550）至中世纪现代（1940~1960）对美国家具设计产生深远影响的不同家具设计风格进行了简单的概述。本章还介绍了英国、法国、德国、斯堪的纳维亚等不同国家和地区对设计的影响。这些影响也创造了一个又一个的"时代"，如维多利亚时代，并进一步引领出其他完全不同的风格设计，如工艺美术风格。书中通过插图展示了不同时期家具设计的不同特点。

　　本章后一部分介绍并展示了不同风格的家具示例，并且同一风格的作品也以不同版本进行展示，以令学生们可以更好地从视觉上进行比较。

图1.1 哥特风格

图1.2 伊丽莎白风格

图1.3 雅各宾风格

图1.4 路易十三风格

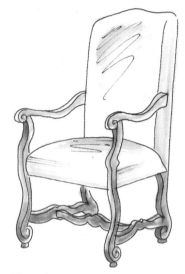

图1.5 路易十四风格椅子

主要家具设计风格

以下按时间顺序介绍各种家具风格。有些家具风格的出现时间有所重叠，例如，雅各宾风格（1603~1690）和路易十三风格（1610~1643）的时间就有相互重叠的部分，这是因为它们分别诞生于英、法两个国家。家具风格是按照时间顺序排列的，因为在许多情况下，一个时代会通过使用先前时代的设计元素或创造一种充满对上一时代反叛意味的全新风格，对其他时代产生影响。

哥特风格（1150~1550，19世纪复兴）哥特风格在家具设计中占有举足轻重的地位。这个时代最容易辨认的元素便是哥特式拱形结构——拱形尖顶（图1.1）。

伊丽莎白风格（1558-1603）这种风格名称源自于英国女王伊丽莎白一世。伊丽莎白风格并非统一的古典家具风格，但这种

风格的诸多家具都带有建筑特色（图1.2）。

文艺复兴风格（1460~1600，复兴于19世纪）这种风格发源于意大利，继承了哥特风格家具的特征。这一时期的家具注重实用性，常使用雕刻工艺和漩涡形装饰。1850~1880复兴时期，家具仍采用相同的装饰细节，通常使用胡桃木。

清教徒风格（1550~1600）这种风格的家具受英式家具影响较大。清教徒生活区域内这些由新英格兰树木制成的家具显得宽大而厚重，是清教徒们利用随身带来的有限工具打造出来的。那时缺乏钉子与胶水，所以早期的家具都是用楔子榫合连接的。

雅各宾风格（1603~1690）这种风格的家具起源于英国，是早期美国家具经常参考仿照的对象。常用暗黑色饰面，并将直线

与华丽的雕刻相融合图（1.3）。

路易十三风格（1610~1643）这种风格的家具给人一种大体量、坚实、厚重的感觉，有明显的雕刻工艺和车削手法特征。这种风格的两个显著特征是几何板装饰板条的应用及桌椅上的精细车削折弯（图1.4）。

路易十四风格（1643~1715）建立在路易十三风格基础之上。透过这个时期的家具，能够看到当时的皇室与上层贵族阶级的奢侈生活。路易十四风格的一个主要特征是椅子及其他家具的X形横档。如图1.5所示即为一把采用了一根直横档的椅子。

早期美式风格（1640 ~ 1700）一种简约、实用的家具风格，利用当地的木材制造而成，在很大程度上基于英国、法国和西班牙的欧洲风格。

图1.6 威康与玛丽风格

图1.7 安妮女王风格

图1.8 路易十五风格

图1.9 路易十六风格

图1.10 殖民风格

威廉与玛丽风格（1690~1725）名称源自于英国联合统治者(1689~1694)国王威廉与王后玛丽。这种风格家具的典型特征在于车削腿和西班牙式或德雷克式底脚，用材选用胡桃木。在此时期诞生了许多新样式的家具，其中最重要的为秘书桌，它包括一个书架与一张桌面前倾以便于书写的桌子（图1.6）。

安妮女王风格（1700~1755）至今仍广受欢迎，起源于英国安妮女王时期（1702~1714）。这种风格家具的两个主要特点是给人轻巧之感的卡布里弯腿与垫脚（图1.7）。

路易十五风格（1715~1774）18世纪法国社会发生巨大变革，家具风格也产生了很大变化。早期受路易十四风格影响，仍沿用X形横档等细部设计，但随着卡布里弯腿与精巧雕刻的应用，细部更为精致（图1.8）。

路易十六风格（1774~1789）在此时期，法国整体风格已经转向了简约。家具腿部柔性弧形曲线结构转向了刚性车削加工，椅子靠背则通常使用简单的椭圆与圆圈，如图1.9所示。

殖民风格（1700~1780）这种家具风格综合了威廉与玛丽风格、安妮女王风格、齐本德尔风格这三种起源于英国本土风格的元素，在北美殖民地区域创造了一种简朴的风格（图1.10）。

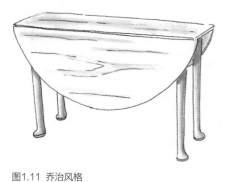

图1.11 乔治风格

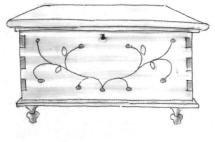

图1.12 宾夕法尼亚荷兰人风格

图1.13 齐本德尔风格

图1.14 赫普怀特风格

图1.15 联邦式风格

图1.16 谢拉顿风格

乔治风格（1714~1760）名称源自于英国国王乔治一世（统治时期1714~1727）与乔治二世（统治时期1727~1760）。这种风格是在安妮女王风格的基础上发展起来的，却更加华丽。它的设计尺寸较大，雕刻精巧细致，常使用带有球形脚的卡布里弯腿或爪形脚(图1.11)。

宾夕法尼亚荷兰人风格（1729~1830）是一种简洁、朴实、直线条的家具风格，基于功能需求。其特点主要体现在典型德国工艺的深浅着色及色彩鲜艳的民俗画装饰上（图1.12）。

齐本德尔风格（1750~1790）名称源自于托马斯·齐本德尔，一位英国家具设计师和木工。关于他的设计，在1754年英国出版的《绅士和家具制作指南》一书中有所介绍。在古董收藏界老齐本德尔家具家炙手可热（图1.13）。

亚当风格（1760~1790）名称源自于英国建筑师、设计师罗伯特·亚当。这一时期的家具通常采用直线结构，作镶嵌装饰，装饰图案以古典题材居多，表面进行彩绘装饰。

赫普怀特风格（1765~1800）以设计师乔治·赫普怀特约名字命名，他曾就其设计理念于1788年出版著作《家具制作师与软包师指南》。这种风格家具的特点为锥形腿、贴面、镶嵌等装饰元素（图1.14）。

联邦式风格（1780~1820）综合了赫普怀特风格和谢拉顿风格特点，设计上常采用简洁直线、锥形腿和镶嵌工艺（图1.15）。

谢拉顿风格（1780~1820）以英国家具设计师托马斯·谢拉顿的名字命名，他曾在1791年出版著作《家具制作师与软包师图集》，直到今天此书仍有很多读者。他的设计对英国和美国家具设计师产生了一定影响。这种新古典主义家具线条精致、制作轻巧，带有镶嵌装饰的对比色镶板应用较多（图1.16）。

图1.17 帝国风格

图1.18 夏克风格

图1.19 毕德迈尔风格

图1.20 维多利亚风格

图1.21 工艺美术风格

帝国风格（1800~1840）深受"法国帝国风格"的影响，设计采用深暗的涂饰、优雅的线条和稳健的比例，营造出视觉感官上的坚实感（图1.17）。

夏克风格（1820~1860）一种简洁朴实、功能实用的风格。常见的装饰细节有锥形腿、梯式靠背、编织椅座、简洁木质球形把手等（图1.18）。

毕德迈尔风格（1815~1848）这种风格的家具通常使用浅棕色木材，重视建筑细部的装饰，常采用曲线。毕德迈尔风格（Biedermeier）并非以设计师的名字命名，而是两个德语单词的结合：Bieder意为

常见、普通，而Meier是德国常见姓氏。这种功能实用、风格简朴的家具就是专门为中产阶级所设计的（图1.19）。

维多利亚风格（1740~1910）名称源自于英国维多利亚女王（1837~1901），它标志着机器时代的开启，初次开始大规模批量生产家具。这种具有优雅曲线风格特征的木框软垫沙发，通过柔软织物与坚实木框架的应用，形成强烈的对比（图1.20）。

工艺美术风格（1880~1910）也被称为"使命派风格"，是美国反对维多利亚工业主义而产生的。这种手工制作的家具强调手工艺，以细木工艺为主要设计元素（图1.21）。

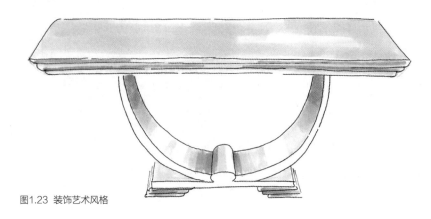

图1.23 装饰艺术风格

图1.22 新艺术风格

图1.24 中世纪现代风格

新艺术风格（1890~1910）打破了维多利亚风格的束缚。这种风格起源于法国，以流动的曲线和精巧的图案为特征（图1.22）。

装饰艺术风格（1920~1940）这种风格对建筑设计、汽车设计、服装设计、图形设计及家具设计方面都有很大的影响。通常采用镶嵌元素和曲线线条来构造不同平面，营造虚实空间的平衡感（图1.23）。

中世纪现代风格（1940~1960）这一风格起源尚有争议，始于20世纪初期或更早，源自索耐特14号椅子（1859）。椅子设计简单，使用曲型木制造，在当时非常容易复制，也是第一批工业化大规模生产的家具之一。工业革命让人们能够更轻松地实现

设计师的原创理念，不仅仅是制造几件，而是大批量生产出成千上万件相同的家具。而后，包豪斯继续钢制家具的大规模生产，直至第二次世界大战前期。战后，技术的发展使许多新材料投入使用，如成型胶合板与玻璃纤维在查尔斯·伊姆斯和蕾·伊姆斯夫妇的设计中的应用，以及铸铝在埃罗·沙里宁的作品中的应用。这一时期大部分的设计因为其简活性与功能细部，直到今天仍在使用（图1.24）。

斯堪的纳维亚风格（1930~1950）这种风格也被称为"当代风格"，源自丹麦与瑞典，通常采用天然木材、薄木饰面板和玻璃纤维材料。

图1.25b 侧边椅

图1.25c 梯背椅

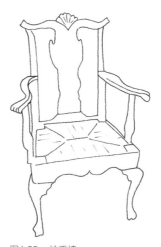

图1.25a 扶手椅

图1.26 摇椅

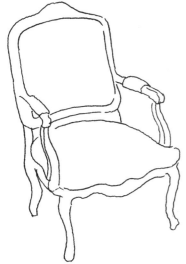

图1.27a 安乐椅

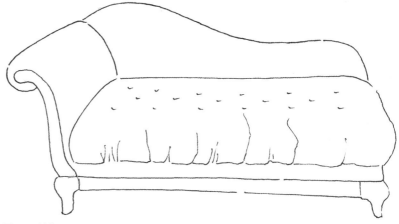

图1.28 躺椅

图1.27b 围手椅

家具类型

本章节中展示的诸多类型的家具在之后章节中都会有完整的结构、设计细节及通用尺寸。本章节中所提供的图像展示了不同风格、不同类型家具的基本样式。

椅子

椅子可以按时代、风格、功能等多种方式进行分类。本章节所展示的椅子按照功能分类为餐椅、摇椅、休闲椅，另外还介绍了沙发。其中有一些家具的设计部分采用外露木框架，还有一些采用了软垫。

餐椅

如其他所有家具一样，餐椅是基于人体比例进行设计的，不过同时也依据了餐桌的比例。例如，每一张桌子的末端都会放置一把扶手椅，两侧则为侧边椅。其实扶手椅和侧边椅主要的区别只在于有无扶手（图1.25a、图1.25b）。有一种比较流行的餐椅称为"梯背椅"，其名称来源于椅子靠背的梯子形风格（图1.25c）。

摇椅

摇椅设计较为简单，使用弯曲的导轨连接椅子两边的底部，使得椅子能够来回晃动，这些椅子的风格设计与餐椅或休闲椅类似。如图1.26所示便是一种震颤派风格摇椅。

休闲椅

休闲椅的使用范围比餐椅更为广泛，通常在客厅或家庭活动室内使用。休闲椅的风格与其所在设计空间风格密切相关。如图1.27a所示为安乐椅，一种开放式扶手椅，如图1.27b所示为围手椅，一种封闭式扶手椅，二者均为法国风格的休闲椅。另外一种法国风格的椅子是躺椅，有时也被称为睡椅，是一种座位被拉伸以适应人们伸展的双腿的休闲椅，如图1.28所示。

图1.29 温莎椅

图1.30a 翼状靠背椅

图1.30b 俱乐部椅

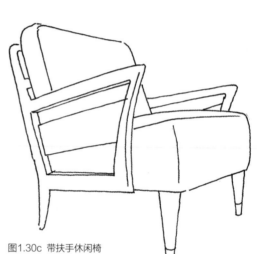

图1.30c 带扶手休闲椅

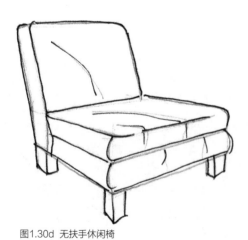

图1.30d 无扶手休闲椅

图1.30e 软垫搁脚凳

多数休闲椅都有一些装饰。其中一个值得注意的例外是温莎椅，它可以根据椅子比例的不同设计为餐椅、摇椅、休闲椅。其他一些比较流行的休闲椅有翼状靠背椅（图1.30a），通常较高，翼背带有软垫；俱乐部椅，一种完全被软垫包围的椅子（图1.30b）；带扶手及不带扶手的休闲椅（图1.30c、图1.30d）。另外还有一种软垫搁脚凳，通常会作为某些类型躺椅的脚凳使用（图1.30e）。

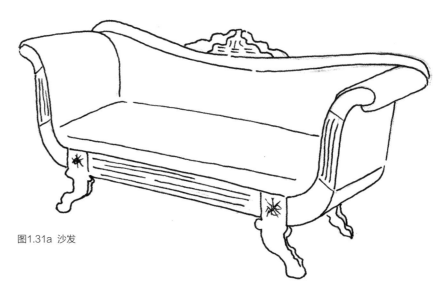

图1.31a 沙发

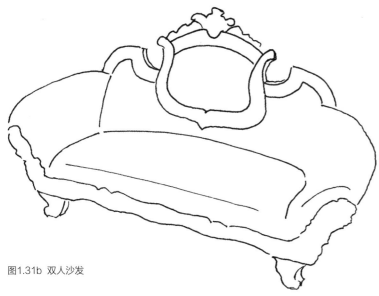

图1.31b 双人沙发

图1.31c 长靠椅

沙发

　　沙发在客厅或家庭活动室中的地位比休闲椅还要重要。沙发是一种软体家具，能够容纳至少三人，而双人沙发是那种比一般长沙发要短、只能坐两个人的沙发（图1.31a和1.31b）。另外一种双人沙发或小沙发是长靠椅，根据风格样式的不同，看起来更像是一种长条凳（图1.31c）。这种家具通常能够在现代化大家庭的前厅或休息室里见到。

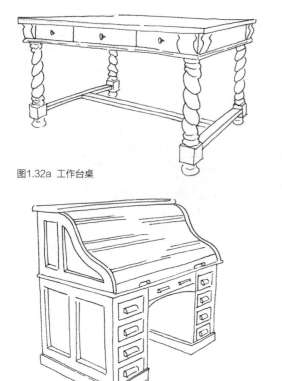

图1.32a 工作台桌

图1.32b 容膝桌

图1.32c 拉盖书桌

图1.32d 秘书台

图1.33a 带镜梳妆台

图1.33b 抽屉柜

图1.33c 叠柜

图1.33d 齐本德尔风格高脚柜

办公桌

随着功能与技术的变化，办公桌的样式也在不断改变。如图1.32a和图1.32b分别为工作台桌和容膝桌，二者都是标准样式风格。工作台桌打造得像一张工作台，但是在桌面下多了一些小抽屉；而容膝桌的两侧设计了更多的抽屉。另外两种常见的桌子样式为拉盖书桌和秘书台，分别如图1.32c和图1.32d所示。拉盖书桌是一种大型办公桌，它带有木质顶盖，可以放下来遮盖住桌面；而秘书台是一种较小的桌子，有一个前侧面板，放下来就可以作为工作台面。这两种风格的桌子都能够在不使用时锁住桌面。

梳妆台

梳妆台是专门摆放于卧室的，通常带有多个小抽屉。梳妆台的类型是基于抽屉的排列方式划分的。例如，抽屉柜是垂直的抽屉堆叠而成，而一个标准的梳妆台还有水平排列的抽屉。高脚柜是一种通过底部高脚设计打造精致外观的垂直抽屉堆叠设计作品（图1.33c~图1.33）。

图1.34a 自助餐桌

图1.34b 中试餐柜——哥特式

图1.34c 餐具柜

图1.34d 断层式厨柜

餐厅橱柜

　　餐厅橱柜的用途一般可分为两种，一种是只用来储藏，另一种是用来展示与储藏。有一种便餐桌或餐具柜是专门设计为用于存储的，通常带有多个小抽屉和柜门，在上面可以就餐。还有一种中国橱柜，设计与餐具柜非常相似，不过其上部通常为带有玻璃柜门的小柜子，透过玻璃能够清晰地看到柜内存放的物品（图1.34a~图1.34f）。

图1.34e 操纵台

图1.34f 金属板式碗柜

图1.35a 餐桌

图1.35b 柱脚桌

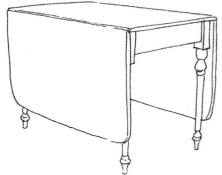

图1.35c 可折叠边缘桌

图1.35d 折叠桌

图1.36a 茶桌

图1.36b 托盘桌

图1.36c 咖啡桌

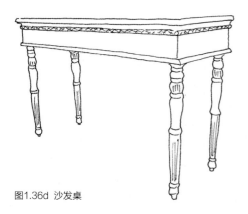

图1.36d 沙发桌

图1.36e 边桌——帝国风格

桌子

　　桌子一般都是为实现特定功能而设计的。桌子的大小、桌面的高低等都会决定其功能定位。例如，餐桌桌面尺寸一般会设计得足够大，以容纳多人用餐，而桌面高度为了适合用餐，一般会设计为29英寸至30英寸（1英寸=25.4毫米）。而相比之下，功能定位不同的咖啡桌要小得多，而且桌面高度一般也只有约15英寸。此处展示的所有桌子都会在后续章节中详细介绍（图1.35a~图1.35d，图1.36a~图1.36e）。

图1.37a 四帷柱大床

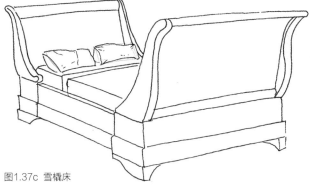

图1.37c 雪橇床

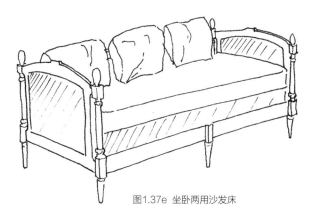

图1.37e 坐卧两用沙发床

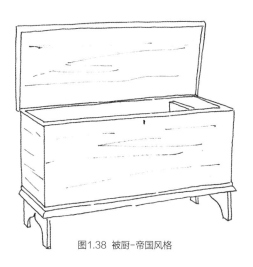

图1.38 被厨-帝国风格

图1.37b 天蓬床

图1.37d 双层床——使命派风格

图1.37f 脚轮矮床

卧室家具

　　卧室家具主要是床。床的设计样式风格种类繁多，其尺寸大小一般都是根据床垫尺寸进行设计的（图1.37a~图1.37f）。卧室内的其他家具则通常都是用来储藏的，风格设计上会与床相匹配（图1.38）。

任务与测验

任务

说明：请创作不同风格家具素描。

1. 创作10种不同风格家具的素描，每种风格一张。

2. 在同一页面为每种家具创作细部图。

3. 为每幅作品制作一份简要的家具风格、年代及特点描述贴士。使用铅笔绘制阴影来突出家具的立体感。

如齐本德尔风格，1750~1780，矮屉柜及爪脚细节图。

测验

第1部分

按时间顺序对以下家具样式进行排序。

1._____ 安妮女王风格

2._____ 装饰艺术风格

3._____ 帝国风格

4._____ 雅克宾风格

5._____ 维多利亚风格

第2部分

请对下列风格名称与定义进行匹配。

1. 联邦式风格

2. 毕德迈尔风格

3. 工艺美术风格

4. 宾夕法尼亚荷兰人风格

5. 夏克风格

A.许多作品都有典型德国工艺的棕褐色纹点或丰富多彩的民间绘画。

B.这种德国风格家具通常具有鲜明的曲线和对比度特征。

C.常采用的细节有锥形腿、梯背椅、简单的木制旋钮等。

D.这种风格综合了赫普怀特风格和谢拉顿风格特点。

E.这种风格也被称作"使命派风格"。

Chapter **2**

设计流程

本章将展示家具设计流程，遵从室内设计认证委员会所制定的设计过程指导原则，包括以下内容。

- ▸ **设计策划**：全面、深层次了解客户需求，确认存在的问题。
- ▸ **方案设计**：在初步构想的基础上创作草图。
- ▸ **扩初设计**：绘制尺寸图、透视图，并对图像进行材料标记与渲染。
- ▸ **合同管理**：合同文本及家具设计细节详述。
- ▸ **设计评估**：全面了解功能性、耐久性和最终用户意见。

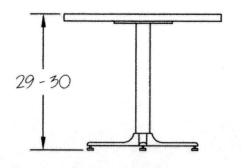

桌面高度（从地面到台面）

图2.1a 一张餐桌或厨房边角桌的桌子高度一般为29英寸至30英寸（1英寸=25.4毫米）

本章先讨论了人体工程学在决定不同类型家具尺寸中的作用，举例进行了说明。然后从创作简单的草图、草稿、透视图到最终的马克笔渲染效果图，通过每一阶段的例图，一步一步展示了设计创作的全过程。

人体工程学

每一种家具都有很多不同的设计方式。本书的观点是将家具作为一种功能性的雕塑，因此要实现完整的功能，作品必须符合最基本的人体工程学要求。人体工程学是一门最大限度地提高设计对象效率与质量以供人们更好地使用的科学。

例如，一张餐桌或厨房边角桌的桌面高度一般为29英寸至30英寸如图 2.1a。这个尺寸是由坐在餐桌椅上的人的高度所决定的。而餐桌椅本身的高度也是基于从地面到膝盖的高度，一般成年人的这一尺寸为17英寸至19英寸。

这些特定的尺寸是必要的，因为从人体工程学角度来说，一个对象的存在必然会影响到其他对象。桌子的大小，是基于坐在座位上的人最少能够占有24英寸空间，且每一边都至少留有8英寸空间而设计的。不过一般来说，座位占用30英寸空间，每边留有12英寸空间的设计会更为合适（图2.1b）。而对长方形桌子的座位空间需求设置来说，24英寸是最低要求，30英寸则是更好的设置（图2.1c）。然而圆形桌在间距设定上有所不同，因为当人们围绕着圆形桌坐下的时候，形成的是圆形空间。由于桌子的中心区域比较难够到所以，相比方桌及长方形桌，需要的是直径更大的圆形桌（图2.1d）。

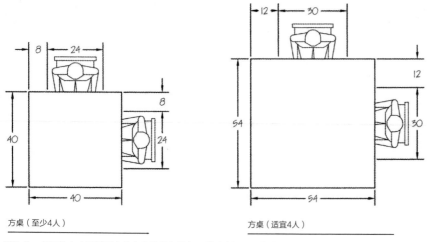

方桌（至少4人）　　　　方桌（适宜4人）

图2.1b 桌子的大小是基于座位上人员具有最小24英寸空间，且每边具有8英寸空间。不过30英寸和12英寸才是更加合适的选择（1英寸=25.4毫米）

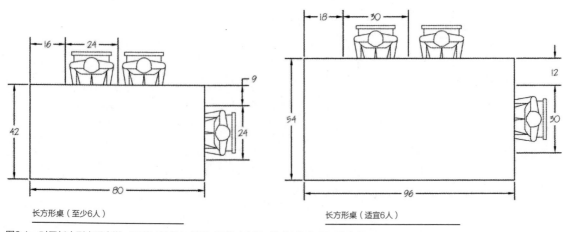

长方形桌（至少6人）　　　　长方形桌（适宜6人）

图2.1c 对于长方形桌子来说，24英寸的最小空间与30英寸空间一致（1英寸=25.4毫米）

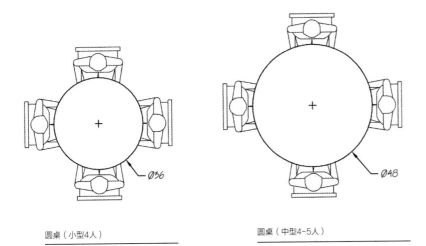

圆桌（小型4人）

圆桌（中型4-5人）

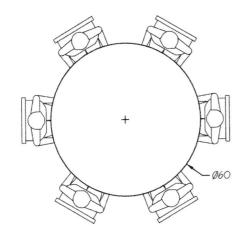

圆桌（大型6人）

图2.1d 表面具有圆形饼状空间的桌子，中心部位难够到

与餐桌相似，办公室高度尺寸一般也是在29英寸至30英寸。在设计办公室时，需要着重考虑的一项因素就是与其搭配使用的扶手椅扶手高度应该低于最上面抽屉的底部高度。其中一项基本设计准则就是两者间至少要有（1英寸=25.4毫米）间隙。办公桌的平面尺寸可以根据需要进行更改。图2.1e展示了一种办公桌的两种尺寸图（本章后续"正射投影法制图"部分将就平面图进行讨论）。

床的大小一般都是根据标准床垫尺寸大小设计的。这些尺寸范围包括了婴儿床（28英寸×52英寸）、单人床（39英寸×75英寸）、普通双人床（54英寸×75英寸）、中号标准双人床（60英寸×80英寸）、大号双人床（76英寸×80英寸），一直到最大尺寸的加州大号双人床（72英寸×84英寸）。标准床垫尺寸的设计包括长和宽两个基本维度，分别基于人体身高及是一个人还是两个人使用而定（图2.2）。而床垫的厚度则取决于制造商，床垫配置的弹簧垫通常会使床垫整体厚度有所增加。弹簧垫具有带软垫的框架，上面置有床垫，整体被安放在栏杆、踏板和床头板之间。从地面到床垫顶面高度一般在20英寸至30英寸之间。

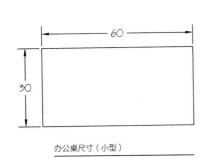

办公桌尺寸（小型）

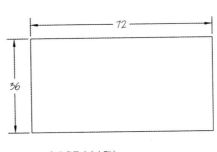

办公桌尺寸（大型）

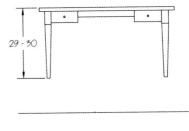

桌面高度（从地面到台面）

图2.1e 办公桌高度与餐桌高度相似

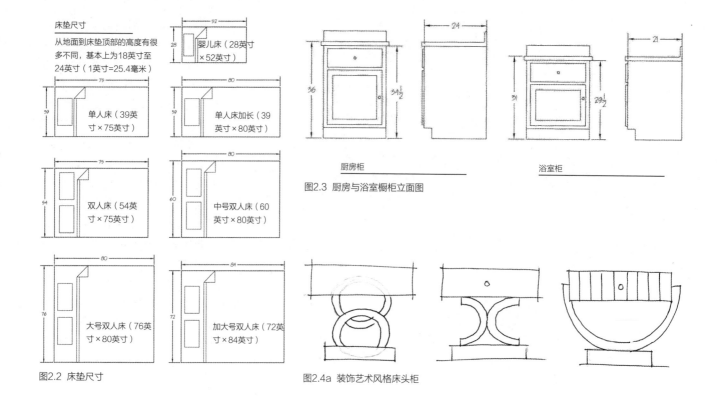

床垫尺寸

从地面到床垫顶部的高度有很多不同，基本上为18英寸至24英寸（1英寸=25.4毫米）

婴儿床（28英寸×52英寸）

单人床（39英寸×75英寸）

单人床加长（39英寸×80英寸）

双人床（54英寸×75英寸）

中号双人床（60英寸×80英寸）

大号双人床（76英寸×80英寸）

加大号双人床（72英寸×84英寸）

图2.2 床垫尺寸

厨房柜

浴室柜

图2.3 厨房与浴室橱柜立面图

图2.4a 装饰艺术风格床头柜

学生们所绘制的图纸中常见的一个错误就是比例设定错误，如桌面高度设定太高。一种物体工作面高度可视化维度设定的方法是基于所熟悉的物体标准尺寸设定比例，如一张餐桌的尺寸比例可以根据橱柜来设定。

厨房橱柜高度一般为36英寸，浴室橱柜为31英寸至36英寸。餐桌高度通常为29英寸至30英寸。当你开始绘制草图时，将对象所在空间进行可视化处理，将有助于确定物体正确的比例。图2.3展示了厨房与浴室橱柜的尺寸。

设计策划

设计流程开始于策划，这意味着全面了解并理解客户的需求，并确定任何可能会出现的问题。

第一步是倾听客户意见，分析他们的想法、意愿或需求。这也是整个设计流程中非常重要的一个部分。在此期间，设计者可以广泛收集客户的意见，从而保证在开始阶段所有人的意见都一致。有时虽然客户有着许许多多的想法，但没有清晰明确的目标需求，这就需要设计师对这些想法进行梳理编辑，最终给客户呈现一个符合他们需求的清晰愿景。

方案设计：草图

方案设计流程中的示意图阶段是指通过在客户面前手绘草图来展示初步构想，设计师和客户也就是从此处开始逐步将他们的构想形象化。此外，草图还可以通过调整元素与尺寸的比例来更好地展示构想。

草图是一种快速创作和修订思路的方法。用一支铅笔就可以通过浅色线条来展示一件家具的基本形状——顶面、支腿、抽屉等。然后，可以通过深色线条在草图上变化比例与尺寸以改变家具的外观形状。最初的这些草图创作是快速、不做严格要求的，高和宽大约为3英寸到4英寸，完全不用担心反复涂擦修改。如果需要改变设计，就另外画一张草图。设计师创作一个设计作品通常会有20幅到30幅手绘草图，一幅草图大概需要30秒到1分钟的时间。创作多幅草绘图的优点就是可以看到同一部位在不同图中的效果，并将它们结合形成最终缩略草图。图2.4a所示的缩略草图展示了仅通过简单样式变化就能实现想法的快速推演。第一幅图展示了通过物体保持圆形的基础图形，然后其他设计中改变这些部件的排列组合，扩造出新的样式。

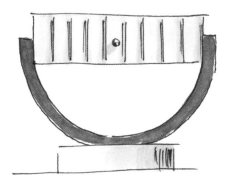
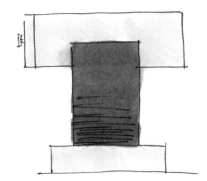

图2.4b　床头柜的正视图与侧视图

绘制侧视图有助于更直观地展示物体比例设定。图2.4b展示的是一幅只应用了基本色调的马克笔渲染图，耗时大约5分钟。当需要凸显材料或颜色的对比时，可以应用基本色调，并不需要将详细的细节传达给客户或制造商。

对于如家具这样的立体物体，有时客户也许看平面图纸会有困难，需要看到物体的体量。不过这也非常容易实现，只需先呈现物体的整体体量空间，然后将多余部分去除即可。图2.5展示了一幅四周带有正方形虚线框的草绘图，虚线框所包围的部分就是三维视图开始绘制的区域。图2.6a至图2.6f，展示了从一个两点透视草图的透明立方体开始，通过设定比例与不断添加细节，最终形成应用基本色调的马克笔渲染三维草图的流程。它仍然是一幅速写，从开始落笔至渲染完成，仅用时5分钟到7分钟。

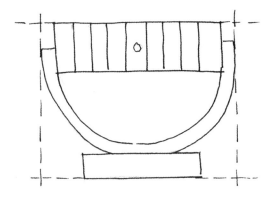

图2.5　床头柜手绘正视图

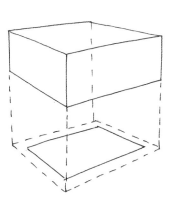

图2.6a　将总体空间绘制为一个透明立方体

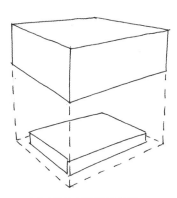

图2.6b　绘制顶部与底座的基本比例。注意应首先绘制底座，因为其体积较小，尺寸不能延伸出立方体边沿

图2.6c　在底座基础上体现垂直维度

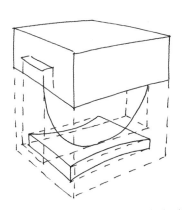

图2.6d　通过运用线性方式对底座进行细分，将两侧的虚线向下延伸穿过底座，由此形成曲面的起始、中间及末端部分，使得曲面比例准确无误

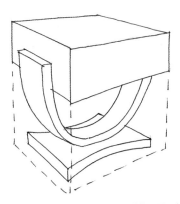

图2.6e　绘制其余曲线以闭合原始曲线，展示材料厚度

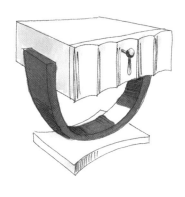

图2.6f　添加了细节的最终三维草图

扩初设计

一旦草图完成，就可以将构想转换为带有尺寸标注的图样，图样既可以手绘完成，也可以使用计算机绘制。此过程中将按一定比例绘制，并验证家具设计比例是否合适，以确保不会出现像电视与所设计的电视柜尺寸不匹配等问题。在这一点上，设计师可以从一定视角重构家具来展示其立体形态，并通过创作马克笔渲染效果图来展示最终材料与色调。

制图

制图是一种很好的将草图转换为带尺寸标注图样的方式。此时可能需要根据人体工程来调整家具比例设定。只需要一把基本的建筑比例尺，就能够绘制出所有需要的精确尺寸。

建筑比例尺使用起来非常简单，它可以根据所用的不同侧边形成不同的比例，让你能够画出带有精确比例尺寸的图。如尺子一侧为英尺，而另一侧则对应划分为12英寸。比例因子通常以数字形式标注在上角。

家具绘制通常使用3英寸或1英尺（1英寸=25.4毫米，1英尺=304.8毫米）的比例尺度。细节图可以使用3英寸比例尺度在较大图纸上绘制（如图2.7a~图2.7c）。

海外家具制造商多使用公制。公制刻度尺与建筑尺度截然不同，它使用1英寸等于1英尺的比例因子，以英寸与英尺作为测量单位。公制尺度使用如1:20的比例时，意思为项目制图的尺寸数据是真实数据的二十分之一。

公制中，将米（m）分为10等份，称为分米（dm）。分米又可以分为10等份，称为厘米（cm）。厘米也可以分为10等份，称为毫米（mm）。对于不习惯公制的学生们来说，最好的理解方式就是形成1米等于100厘米或1000毫米的思维模式。

使用AutoCAD（一款计算机辅助设计软件）可以提高设计效率，它是一款非常强大的施工图制图与图纸修订工具。不过它也仅只是一个工具，像铅笔与尺子一样。使用AutoCAD进行家具设计要注意以下三个问题。

▶ **使用什么打印比例尺度？** 所选用比例尺度应该在$^3/_4$之间，细节图可以选用3英寸。选择足够大的比例尺度以确保能够看清各项细节非常重要。

图2.7a 标准尺子

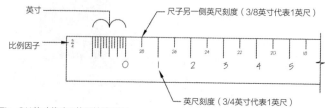

图2.7b 3/4英寸代表1英尺的比列尺

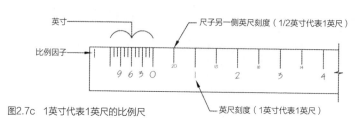

图2.7c 1英寸代表1英尺的比例尺

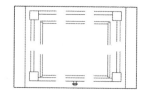

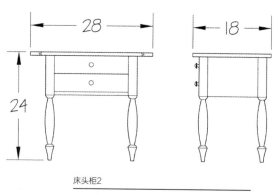

床头柜2

图2.8 AutoCAD正投影法制图示例

▶ **制图格式是怎样的？** 如同手工制图一样，家具应该使用正投影法制图，俯视图位于正视图上方，侧视图位于正视图右侧。

▶ **准确的线宽是多少？** 一般情况下，宽线（0.35mm）用于绘制外边缘线，窄线（0.15mm）用于绘制抽屉或门等内部细节。隐藏线线宽一般会更窄（0.13mm或0.09mm）。

AutoCAD有几个不同的版本，每年更新一次。具体更新年份会添加在程序名称中，如AutoCAD 2008。如果并不需要制作三维图，轻量化版本（LT）就能够满足你的需求，如AutoCAD 2008 LT。

正投影法制图

使用正投影法制图时需要为家具等三维物体绘制至少三张平面视图，分别为平面图（俯视图）、前视图（正视图）、侧面图（侧视图）。正投影法的基本格式为俯视图线性对正于正视图上方，而侧视图平齐对正于正视图一侧（图2.8）。

此外，还有细节图、剖视图等视图。细节图可用于正投影视图无法显示边缘或装饰嵌线等具体细节时，如绘制大比例尺度图来显示材料厚度或边缘细节等。剖视图展示的是物体内部构造，就如同将物体切成两半后能够看到的内部细节（图2.9a、图2.9b）。

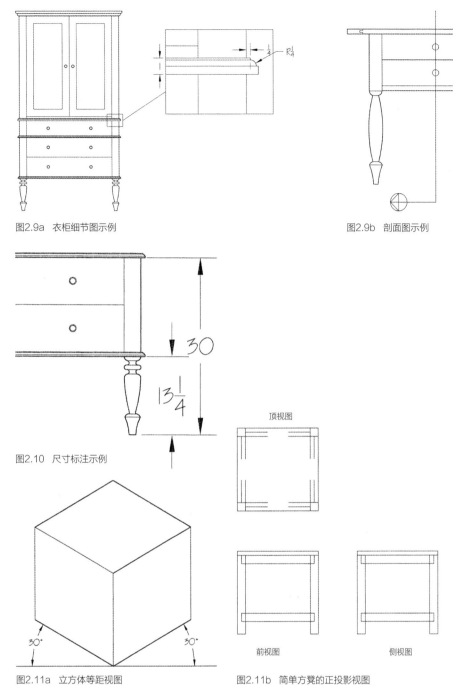

图2.9a 衣柜细节图示例

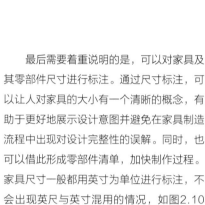

图2.9b 剖面图示例

图2.10 尺寸标注示例

顶视图

前视图   侧视图

图2.11a 立方体等距视图

图2.11b 简单方凳的正投影视图

图2.11c 添加了细节的最终三维草图

最后需要着重说明的是，可以对家具及其零部件尺寸进行标注。通过尺寸标注，可以让人对家具的大小有一个清晰的概念，有助于更好地展示设计意图并避免在家具制造流程中出现对设计完整性的误解。同时，也可以借此形成零部件清单，加快制作过程。家具尺寸一般都用英寸为单位进行标注，不会出现英尺与英寸混用的情况，如图2.10中，柜子腿的高度为30英寸，而不是2英尺6英寸（1英寸=25.4毫米 1英尺=12英寸）。

等距视图

　　等距视图通过三个维度来展示物体，可以由正投影视图测量绘出。物体在正投影视图与等距视图中的尺寸数据都是完全相同的。绘制视图时，物体的每一边都成30°角绘制，能够显示出物体的正面、侧面及顶面。除物体垂直线仍保持垂直外，其他都与水平成30°角绘制（图2.11a~图2.11c）。

透视图

　　透视图是将一个物体用三维图形进行显示，如同眼睛在三个不同纬度空间看到的一样。这也意味着在绘制三维物体时，将会产生一个消失点。透视图具有三种基本绘制方式：一点透视、两点透视、三点透视。绘制方式的区别在于透视图中透视点消失点的多少。消失点的位置取决于物体的放置位置。当绘制的对象为家具时，一般都会绘制一点透视或两点透视图。

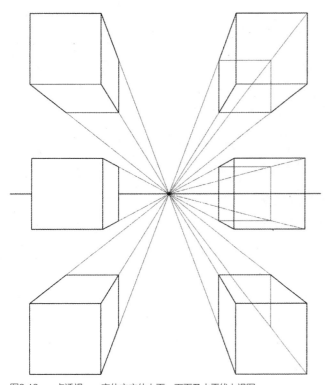

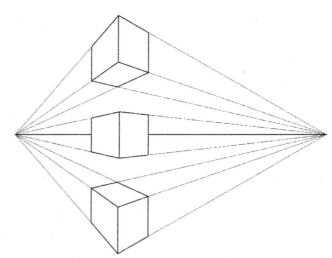

图2.13 两点透视——实体立方体上面、下面及水平线上视图

图2.12 一点透视——实体立方体上面、下面及水平线上视图

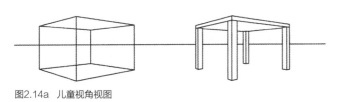

图2.14a 儿童视角视图

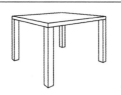

图2.14b 成人坐下视角视图

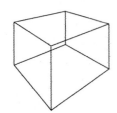

图2.14c 成人站立视角视图

▶ **一点透视**，这种视图中物体有一个灭点，因此物体前侧将会直接呈现在观察者面前（图2.12）。

▶ **两点透视**，这种视图中物体有两个灭点，因为物体是在被旋转一定角度后朝向观察者的（图2.13）。

每种透视画法都有基本规则，了解了这些规则后，就能画出任何三维视图。

▶ **规则1**：地平线代表观察者的视平线。

▶ **规则2**：消失点点都在水平线上。

▶ **规则3**：由物体前面延伸至后面的平面，利用起始于物体前侧且与画面有一定角度的线来表示，各线汇集于消失点。

视平线表现地平线在图上位置的高低，水平线位置越高，观察者的视线也就越高。图2.14a至图2.14c这三幅图展示了随着视平线的改变，图中物体发生的变化。

透视图中的阴影

图2.15一步步详细展示了一个立方体利用两点透视图创建阴影的流程，采用的是平行线绘制方法。先由一个透明的立方体开始绘制，在其前面底角处画一条直线，然后在背面底角处画一条平行线，如步骤2所示。接着从前面顶角引一条带角度的直线至第一条地面阴影线上，这条直线的角度决定了阴影的长短。第一条直线确定后，从其他顶角作与其平行的直线，方法一致，如步骤3所示。

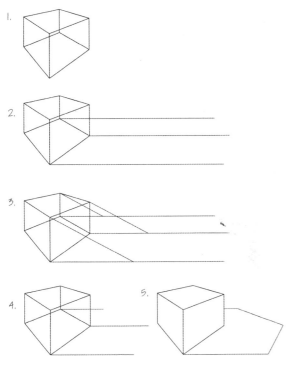

图2.15 立方体的平行阴影

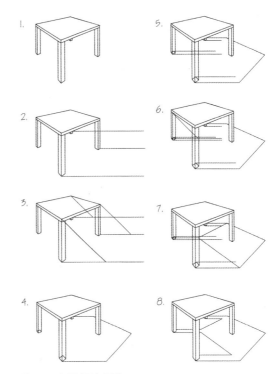

图2.16 桌子的平行阴影

图2.17 一幅手绘实例图，采用钢笔画技法，整体色调以深棕色、浅灰色为主，配有天蓝色背景

这些直线相交处，就是阴影区域的终点。将多余部分擦除，再将各终点连接，所形成的就是透视图的阴影，如图2.15中的步骤4、步骤5所示。

家具阴影的创建看起来很难，但实际上非常简单（图2.16）。步骤1至步骤4所示的家具阴影绘制方法与立方体阴影的绘制方法是一致的。在为物体创建外部阴影时，不用在意细节，直接将物体当成一个实体来对待即可。内部细节阴影的创建，则可参考步骤5至步骤8。步骤5根据步骤2绘制水平线的平行线。步骤6根据步骤3绘制带角度直线的平行线。步骤7将新绘制的各直线进行连结。所得连结面的边沿与中间桌腿重合。擦除阴影轮廓线内部的直线，即可完成阴影的绘制。

马克笔渲染

使用马克笔进行渲染的最基本原因就是它能够非常好地呈现家具的最终效果。对于初学者来说，可能需要一段时间去练习、适应，但这是让客户能够在开始制作前就对所购买的家具有所了解的最快捷的方式之一。通过马克笔渲染图，设计者与客户都能够对家具完成品外观有一个直观的了解。

可以将渲染图视作一种速写图。首先从颜色来说，一般要比实际选用材料的颜色浅淡一些，如图2.17所示。光源的创建能够增强家具立体感。可以利用灰色调马克笔的使用增强阴影效果，而其他效果也可以利用彩色铅笔来完成，如可在马克笔渲染图家具顶部添加木纹，使用白色铅笔或修正液实现高光效果等。

合同管理

在此阶段，设计师会将家具尺寸数据、选用材料、细节描述及预计完工时间等记入文档，并将文档连同设计草图一起发给定制制造商或其他家具制造投标商。然后，制造商根据文档中的各项要求进行报价，客户收到且同意后方开始制作。一些定制家具制造商不会直接将家具交付给客户，而是通过物流运送公司交付，因此此部分成本也必须包含在合同费用中。

设计评估

设计评估流程是客户接收家具前的最后一个阶段。在此阶段，设计师应仔细检查最终成品，确保每一处都是按照合同要求所打造的。同时设计师还必须检查确认家具设计功能与样品一致，能够完好地实现。设计师能够在家具打造完成但未最终交付前看到家具实物，完成设计评估，是一种非常好的方式。在这一阶段解决任何问题都远比完成最终交付后更加简单、迅速。

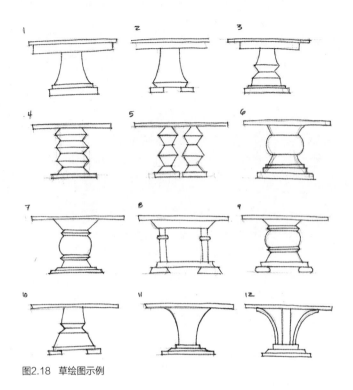

图2.18 草绘图示例

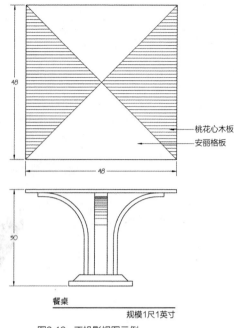

餐桌

规模1尺1英寸

图2.19 正投影视图示例

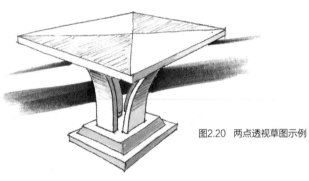

图2.20 两点透视草图示例

任务与测验

任务：家具设计流程

第1部分：草图

说明：如图2.18所示，创作20幅家具草绘图，其中部分草图需要具有历史风格特点。草图要求使用铅笔绘制在一到两张纸上。它们相互间可以由一幅演变成另一幅，是简单的正视图与侧视图。

第2部分：正投影法

说明：如图2.19所示，创作一幅正投影视图。确保其符合人体工程学，比列使用1英寸=1英尺或$\frac{3}{4}$英寸=1英尺。

第3部分：透视图

说明：如图2.20所示，创作一幅家具的两点透视草图，要求使用工艺笔或马克笔添加色调。

测验

为下列每一项问题选择最佳答案。

1. 餐桌高度一般是多少？
   A.24英寸　　B.30英寸　　C.32英寸

2. 餐桌在座人员所需要的最小空间是多少？
   A.18英寸　　B.24英寸　　C.30英寸

3. 单人床床垫尺寸是多少？
   A.30英寸×75英寸　B.36英寸×80英寸
   C.39英寸×75英寸

4. 中号双人床床垫尺寸是多少？
   A.54英寸×75英寸　B.60英寸×75英寸
   C.60英寸×80英寸

5. 大号双人床床垫尺寸是多少？
   A.70英寸×80英寸　B.76英寸×80英寸
   C.72英寸×84英寸

6. 加州大号双人床床垫尺寸是多少？
   A.70英寸×80英寸　B.76英寸×80英寸
   C.72英寸×84英寸

7. 什么是正投影视图？
   A.侧面剖视图　　B.三维视图
   C.显示俯视图、主视图、侧视图的图

8. 什么是等距视图？
   A.三平面图　　B.带有地平线的图
   C.一幅可以被测量的图

9. 哪种观察视角下是俯视图？
   A.前面　　　　B.侧面　　　　C.上面

10. 剖视图显示的是什么？
    A.内部剖面图　　B.俯视图　　C.侧视图

Chapter 3

材料：木材与金属

本章介绍了家具设计与打造中应用的不同类型材料，展示了硬木、软木及其他人造材料的区别，还讨论了胶合板、中密度纤维板（MDF）和饰面薄板等材料的基本尺寸。本章最后部分介绍了不同类型的金属及其加工方法。

硬木与软木

木材一般可以分为硬木与软木两种类型。而根据名称，人们通常会认为这两种不同类型木材的最大区别在于一种的材质是硬的，而另一种是软的，但其实并非如此。事实上，两种类型木材的根本区别在于树叶的类型。硬木，如枫木、橡木及胡桃木，都取自阔叶树；而软木，如雪松木、花旗松木及松木，都取自针叶树。木材的硬和软与其强度无关，如轻木是一种材质松软、重量轻的

木材，经常被用来建造模型，但它被公认为是一种硬木，因为它取自于阔叶树。

多数时候，木材的选取依据其花纹，包括木材的颜色、纹理、外观等特征。例如，枫木有许多不同类型，硬枫具有金色、黄色的均匀交错纹理，而雀眼枫木在具有上述特征的同时，板面上还布满点状纹理。独特的花纹让材料变得独一无二。要想欣赏到木材的真实花纹，还需要亲自去观看、欣赏，单

靠花纹的图片并不能深入了解材料的奥妙。有些时候，人们也会根据木材的自然属性进行选择，如柚木就常被人们用来制作户外家具，因为柚木纤维中具有丰富的油脂，与其他木材相比更能够承受自然界的侵蚀。除了外观，还要考虑成本，如木材在用于制作家具时，通常会进行油漆，而白杨木就是一种具有良好纹理与漆涂性的低成本木材。

表 3.1 列出了常用硬木和它们的生长地。

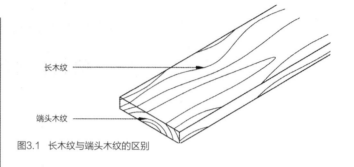

图3.1　长木纹与端头木纹的区别

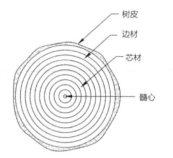

图3.2　原木剖面图

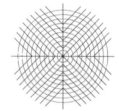

图3.3　弦切与径切的区别

表3.1
常用硬木及其生产地

北美木材

桤木	山核桃	软纹枫木
岑木	雀眼枫	红橡木
桦木	卷纹枫木	白橡木
樱桃木	硬枫木	杨木
柏木	硬枫木	黑核桃木

中南美洲木材

红木	桃花心木	巴西玫瑰木
枫木	围涎木	郁金香木
李叶苏木	紫心木	热带胡桃木
巴西樱桃木	蛇纹木	

非洲木材

白胡桃木	乌木	柚木
古夷苏木	非洲木材	
	非洲紫檀木	

亚洲及南太平洋岛屿木材

黑檀木	桉木	柚木
	欧洲蔷薇木	

欧洲木材

榉木	英国棕橡木	英国胡桃木

这些实木板都具有沿着树木生长方向的长木纹与板材末端的端头木纹。端头木纹显示了树木的生长年轮。如图3.1所示为长木纹与端头木纹的区别。

木材可以被分为四个基本部分，如图3.2所示。

▶ 髓心：材料的中心

▶ 芯材：树干的构成部分

▶ 边材：树木运输营养物质的部分

▶ 树皮：最外侧保护层

根据树种的不同，一旦树皮剥离，原木就可以使用不同的方式进行切割。两种常用的方法为如图3.3所示的弦切和径切。

径切板成本比常规切割板（弦切）更

高，其原因在于径切所造成的木材浪费更多，另外，生长轮直接贯穿整块木材，相比常规切法径切不易发生弯曲变形，更加稳定。在贮木场，木材一般会按照种类与厚度分开存放。现在的厚度是粗切割尺寸，后续还会由家具制造商刨平加工至最终需求厚度，如表3.1所示。厚度值基于厚材料的四等分，由4/4英寸，也即1英寸开始。

表 3.1
实际与标准尺寸

厚度规格	实际尺寸（英寸）	标准尺寸（英寸）
4/4	1	¾
5/4	1¼	1
6/4	1½	1¼
7/4	1¾	1½
8/4	2	1¾
9/4	2¼	2
10/4	2½	2¼

表 3.2
4/4 板材板英尺表：8/4板材数值加倍

	1英寸	2英寸	3英寸	4英寸	5英寸	6英寸	7英寸	8英寸	9英寸	10英寸	11英寸	12英寸
1英寸	0.08	0.16	0.25	0.33	0.41	0.5	0.58	0.66	0.75	0.83	0.91	1
2英寸	0.17	0.33	0.50	0.66	0.83	1.0	1.16	1.33	1.50	1.66	1.83	2
3英寸	0.25	0.50	0.75	1.00	1.25	1.5	1.75	2.00	2.25	2.50	2.75	3
4英寸	0.33	0.66	1.00	1.33	1.66	2.0	2.33	2.66	3.00	3.33	3.66	4
5英寸	0.41	0.83	1.25	1.66	2.08	2.5	2.91	3.33	3.75	4.16	4.58	5
6英寸	0.50	1.00	1.50	2.00	2.50	3.0	3.50	4.00	4.50	5.00	5.50	6
7英寸	0.58	1.16	1.75	2.33	2.91	3.5	4.08	4.66	5.25	5.83	6.41	7
8英寸	0.66	1.33	2.00	2.66	3.33	4.0	4.66	5.33	6.00	6.66	7.33	8
9英寸	0.75	1.50	2.25	3.00	3.75	4.5	5.25	6.00	6.75	7.50	8.25	9
10英寸	0.83	1.66	2.50	3.33	4.16	5.0	5.83	6.66	7.50	8.33	9.16	10
11英寸	0.91	1.83	2.75	3.66	4.58	5.5	6.41	7.33	8.25	9.16	10.08	11
12英寸	1.00	2.00	3.00	4.00	5.00	6.0	7.00	8.00	9.00	10.00	11.00	12

表 3.3
5/4 板材板英尺表：10/4板材数值加倍

	1英寸	2英寸	3英寸	4英寸	5英寸	6英寸	7英寸	8英寸	9英寸	10英寸	11英寸	12英寸
1英寸	0.10	0.20	0.31	0.41	0.52	0.62	0.72	0.83	0.93	1.04	1.14	1.25
2英寸	0.20	0.41	0.62	0.83	1.04	1.25	1.45	1.66	1.87	2.08	2.29	2.50
3英寸	0.31	0.62	0.93	1.25	1.58	1.87	2.18	2.50	2.81	3.12	3.43	3.75
4英寸	0.41	0.83	1.25	1.66	2.08	2.50	2.91	3.33	3.75	4.16	4.58	5.00
5英寸	0.52	1.04	1.56	2.08	2.60	3.12	3.64	4.16	4.68	5.20	5.72	6.25
6英寸	0.62	1.25	1.87	2.50	3.12	3.75	4.37	5.00	5.62	6.25	6.87	7.50
7英寸	0.72	1.45	2.18	2.91	3.64	4.37	5.10	5.83	6.56	7.29	8.02	8.75
8英寸	0.83	1.66	2.50	3.33	4.16	5.00	5.83	6.66	7.50	8.33	9.16	10.00
9英寸	0.93	1.87	2.81	3.75	4.68	5.62	6.56	7.50	8.43	9.37	10.31	11.25
10英寸	1.04	2.08	3.12	4.16	5.20	6.25	7.29	8.33	9.37	10.41	11.45	12.50
11英寸	1.14	2.29	3.43	4.58	5.72	6.87	8.02	9.16	10.31	11.45	12.60	13.75
12英寸	1.25	2.50	3.75	5.00	6.25	7.50	8.75	10.00	11.25	12.50	13.75	15.00

表 3.4
6/4 板材板英尺表：12/4板材数值加倍

	1英寸	2英寸	3英寸	4英寸	5英寸	6英寸	7英寸	8英寸	9英寸	10英寸	11英寸	12英寸
1英寸	0.12	0.25	0.37	0.5	0.62	0.75	0.87	1	1.12	1.25	1.37	1.5
2英寸	0.25	0.50	0.75	1.0	1.25	1.50	1.75	2	2.25	2.50	2.75	3.0
3英寸	0.37	0.75	1.12	1.5	1.87	2.25	2.62	3	3.37	3.75	4.12	4.5
4英寸	0.50	1.00	1.50	2.0	2.50	3.00	3.50	4	4.50	5.00	5.50	6.0
5英寸	0.62	1.25	1.87	2.5	3.12	3.75	4.37	5	5.62	6.25	6.87	7.5
6英寸	0.75	1.50	2.25	3.0	3.75	4.50	5.25	6	6.75	7.50	8.25	9.0
7英寸	0.87	1.75	2.62	3.5	4.37	5.25	6.12	7	7.87	8.75	9.62	10.5
8英寸	1.00	2.00	3.00	4.0	5.00	6.00	7.00	8	9.00	10.00	11.00	12.0
9英寸	1.12	2.25	3.37	4.5	5.62	6.75	7.87	9	10.12	11.25	12.37	13.5
10英寸	1.25	2.50	3.75	5.0	6.25	7.50	8.75	10	11.25	12.50	13.75	15.0
11英寸	1.37	2.75	4.12	5.5	6.87	8.25	9.62	11	12.37	13.75	15.12	16.2
12英寸	1.50	3.00	4.50	6.0	7.50	9.00	10.50	12	13.50	15.00	16.50	18.0

硬木和软木都是按照板英尺（bf）出售的。1英尺板=12英寸长×12英寸宽×1英寸厚（1英寸=25.4毫米，1英尺=12英寸）。实行该计量单位的根本原因在于木材切割是基于每种原木的不同尺寸进行的。根据结构性能的要求，进行切割的原木来自于不同树的树干，而非树枝，这意味着这些板的长宽尺寸将会因各树干的尺寸不同而不同。一张板材如果为6英寸宽、1英寸厚、8英尺长，那么它将被视为4板英尺。每种类型的木材都会以板英尺为基本单位进行定价，而且像其他货物一样，根据季节的不同，木材的价格也会有的不同。以下三张表中提供了方便的板英尺价格参考。例如，可以在表3.2中查到一张4/4板材，10英寸长，4英寸宽的一张的板材为3.33板英尺（见表3.3、3.4）。

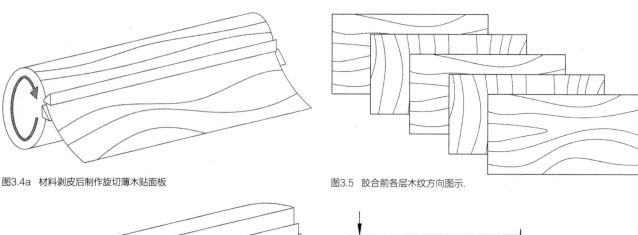

图3.4a 材料剥皮后制作旋切薄木贴面板

图3.5 胶合前各层木纹方向图示.

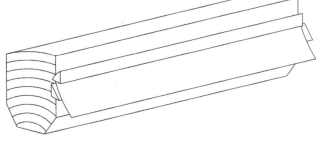

图3.4b 材料剥皮后制作直切薄木贴面板

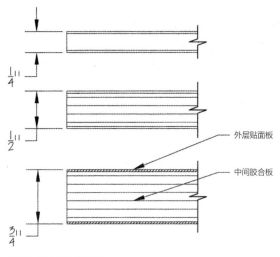

外层贴面板

中间胶合板

图3.6 胶合板边缘细节

薄木贴面板

薄木贴面板是由原木经过切削所得的木质薄片状材料，如图3.4a和图3.4b所示。通常任何种类的木材都可以制作为4英尺×8英尺或2英尺×8英尺规格的薄木切片。（1英寸=25.4毫米，1英尺=12英寸）有时一些薄木贴面板是由多块小直径树木制作的小宽度薄木贴面板拼凑而成的，这些宽度较小的贴面板可以胶粘在同一纸背衬上，形成一张标准尺寸的薄木贴面板。薄木贴面板也有10mm厚纸背衬薄木贴面板和22mm厚薄木贴面板两种规格，两者的区别在于，22mm薄木贴面板仅是木材本身，而10mm薄木贴面板则是在背面胶粘有纸背衬，使用了更薄的材料。借助于纸背衬的支持，10mm薄木贴面板相对于22mm薄木贴面板更加适合用于弯曲表面。薄木贴面板一般有两种不同的应用方法。第一种方法是使用胶泥，将胶泥涂抹于薄木贴面板背面及拟胶粘物体表面，当胶泥干后，薄木贴面板将会与物体表面紧

紧地粘在一起。第二种方法是利用真空压力，需要先将特殊的胶水涂在薄木贴面板背面与物体表面，然后将两件物品放置于真空袋中，使用真空压缩机将气抽出，在薄木贴面板与物体接触面间创造压力，待胶水干后2至4小时即可牢固粘贴在一起。

胶合板

胶合板是一种用途多样的人造产品，是由原木上削下来的薄木板经过胶粘剂交替胶合在一起的多层板状材料。胶合板各相邻层木纹方向都是相互垂直的，从而在有效防止翘曲的同时可大大增强板料强度，如图3.5所示。而为了防止翘曲，胶合板也基本都由奇数层薄板构成，层数越多，等级越高，材料稳定性也就越强。建筑用胶合板一般为三层，而家具制作用胶合板则至少为五层。胶合板薄层一般由花旗松木制造，而外层饰面材料通常为枫木等，厚度几乎与纸一样图3.6所示。胶合板边缘能够看到板芯材料与

各层木材。

胶合板尺寸

胶合板设计的局限性主要在于设计受限于板材尺寸。胶合板家具制作方面，主要有三种标准厚度：1/4英寸、1/2英寸和3/4英寸。特殊情况下，可有3/8英寸、5/8英寸、1英寸等几种厚度供选择使用。

▶ 1/4英寸，常用于橱柜背面和抽屉底部。

▶ 1/2英寸，常用于抽屉箱体。

▶ 3/4英寸，常用于家具、墙壁、货架、地板等的结构部件。

胶合板常用尺寸为48英寸×96英寸，也就是熟知的4英尺×8英尺这一常用尺寸。因此，对像大衣柜这种单面尺寸很少超过24英寸的大家具，两面只需要用一张胶合板就足够。还可以见到尺寸为4英尺×10英尺的胶合板，不过在多数木材场都需要单独订货。也有尺寸为5英尺×5英尺的胶合板，不过只有桦木材质的，常用来制作抽屉。

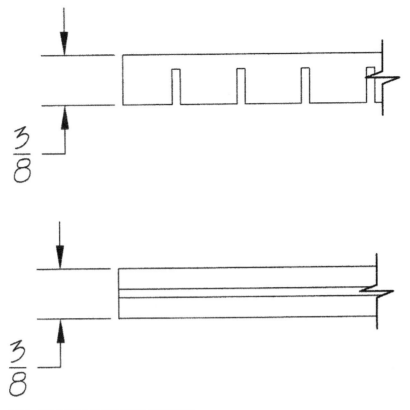

图3.7 胶合板弯板与中密度纤维板的边缘细节

纤维板

中密度纤维板

中密度纤维板（MDF），也称中纤板，是使用良好针叶木纤维、蜡和树脂制成的板状产品，与内部由较大颗粒组成且多用于低端家具的刨花板有着非常明显的区别，不会相互混淆。常用于制作家具的中纤板厚度主要有1/4英寸、1/2英寸、3/4英寸、1英寸等几种规格，外形则主要为4英尺×8英尺的矩形板。由于中纤板表面平整光滑，便于涂胶，且性能稳定，常用于需要胶合饰面板的现代设计作品中。中纤板可以很简单地通过剞刨机或塑形机器成型，是漆涂与模型雕的优良材料。然而，使用中纤板伴随一定的健康风险，因为在生产过程中使用了甲醛树脂。

高密度纤维板

高密度纤维板（HDF），也称梅森耐特纤维板，是利用木纤维生产的一种比中密度纤维板硬度更强、密度更高的平板状工程产品，常用于抽屉底部或家具背部面板。

刨花板

刨花板是一种通过对麦糠的回收利用制成的人造材料，是一种不产生甲醛也没有辐射的板材。相对于中密度纤维板，可以称为"绿色材料"。与相同厚度、尺寸的标准粒子板相比，刨花板通常重量上要轻10%，完全可代替使用。刨花板的使用范围已经越来越广。

弯板

弯板常用来制作家具曲线或弯曲，主要有两种类型。一种为胶合板弯板，通常为宽4英尺、长8英尺、厚3/8英寸的三合板。使一块板材能够更加简单也弯曲，可以通过将上下两层板木纹方向设定为与弯曲方向垂直来实现，因为木材更容易顺着木纹方向弯曲。第二种为中密度纤维板产品，常用规格也为宽4英尺、长8英尺、厚3/8英寸，但它一侧具有切槽图3.7所示。当板材厚度增加为3/4英寸时，这两种板材的木材量为3/8英寸厚时的两倍。

图3.8a至图3.8e展示了利用弯板制作门的过程。开始时，先开发一副分为两部分的模具。然后，将弯板置于两部分模具之间，并用湿的木胶进行填充，将模具扣合夹紧，直至胶变干。当胶干后，将弯板从模具内取出，弯板将继续保持在模具内的形状。最后，使用薄木贴面板制作外表面。这些工作都是在开始涂饰前完成的。

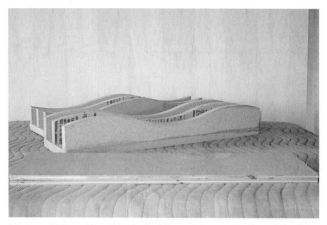

图3.8a 步骤1，开发一副分为上下两部分的模具

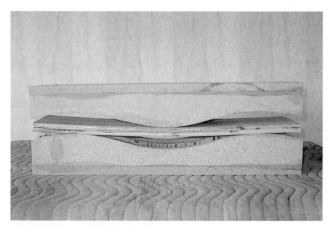

图3.8b 步骤2，将弯板同湿木胶置于模具之中

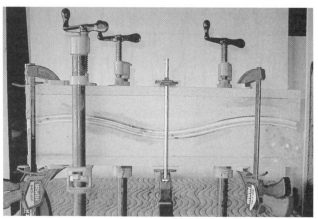

图3.8c 步骤3，模具扣合夹紧，直至胶变干

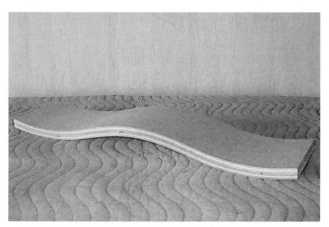

图3.8d 步骤4，当胶干后，取出模具，弯板已经定型

图3.8e 完成品示例，制作过程为门制作步骤重复4次薄杆在各表面完成之前就开工了

　　另外一种制作家具弯曲板的方法为利用模具与真空系统进行制作。首先将弯曲板与湿胶一起入模具中，然后再将他们放入特殊的真空袋中，使用压缩机抽气，最终会有压力施加到模具上。一旦胶水变干，从袋中移除模具后，弯板将持续保持刚从模具中取出时的形状。

层压板

　　层压板是一种常用的表面材料，厚度通常为1/16英寸至1/8英寸，1英寸=25.4毫米在装饰装修中应用范围较广。由于塑料层压板在纹理与表面花纹等方面具有纯色、仿木纹、种类风格等广泛的装饰选择，实际中使用较多。塑料层压板的制造需要使用薄木贴面板背板，这与厨房工作台面所用材料一致。金属层压板有的有木背板，有的没有则没有，从纹理到刷痕都可以进行预加工、涂饰。为获得曲面层压板，一般会安装到中密度纤维板、弯曲板等基底材料上，相互间用胶泥进行粘合。由于其出色的耐用性及耐水性，层压板在住宅与商业项目中应用十分广泛，如厨房台面、办公桌面板等处均有应用。

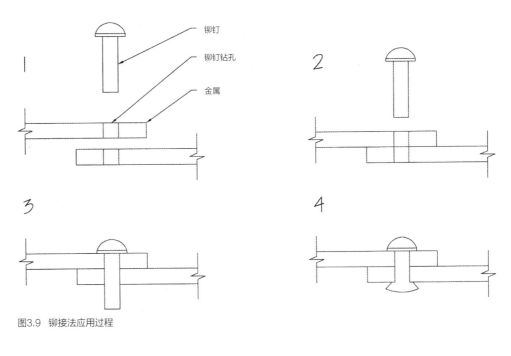

图3.9 铆接法应用过程

焊，在两块钢材被加热后，将黄铜溶入到接缝处。这种方法对接缝处清洁度要求较低，但强度并不如熔焊，因此不能被用于任何钢结构施工中。第三种方式为冷连接，即在连接过程中不需要进行加热处理。工件可以利用螺栓或铆钉连接在一起。铆接法需先在金属材料上钻孔，然后将铆钉棒或铆钉钉帽置于孔中，通过在两侧锤击铆钉，铆钉端头会出现蘑菇头并将两个工件连接起来（图3.9）。

有色金属

　　家具中常用的典型有色金属为紫铜、黄铜与青铜。这些金属使用钎焊替代熔焊。焊接时，将金属加热到焊料的熔点，焊料流入焊接点，将不同金属连接起来。焊料具体熔化温度取决于其种类。锡焊料熔点约华氏400°，而银焊料约华氏1400°。

　　连接这些金属的另一种方法是用螺栓或铆钉冷连接，它们也是用黑色金属制成的。

　　第三种方法，是通过铸造对金属进行加工处理。铸造要求将金属熔化为液态，然后将其注入铸模之中。图3.10显示了铸造工艺过程。铸模就是最终成型工件的阴像，通常由石膏或砂制成。此工艺过程首先为在钢筒中间放置蜡件，蜡件与钢筒底部通过允许金属液流入铸模的浇口相通。然后在钢筒中间填充满石膏，再在窑炉中加热，使蜡融化流出。待钢筒从窑炉中取出后，将加热至液态的金属液浇入其中。最后一步，就是清理工件，将浇口切除。家具制作中，铸造工艺一般在抽屉拉手重复制造上使用较多。

图3.10 铸造工艺

金属

黑色金属

　　所有黑色金属都含有铁元素，而有色金属则不含。家具制造中常用的黑色金属为钢。钢是一种由铁精炼而得到的产品，在应用中可以被加工成多种不同样式，经常能够见到的有钢板、角钢、钢柱、条钢、钢管等。其中像钢管也有许多不同的样式，如圆形管、方形管或长方形管等，都具有内径（内部尺寸）与外径（外部尺寸）两种尺寸维度。

　　钢材之间可以通过三种方式进行连接。第一种是熔焊，将两块钢材连接处加热至可熔化温度，然后将另外一段钢条或钢丝在此处熔化，填入接缝，从而将两块钢材连接起来。第二种是钎

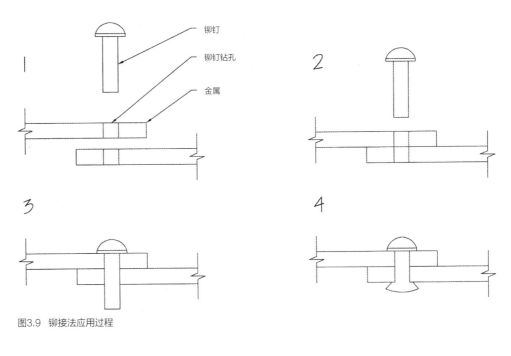

任务与测验

任务： 制作一份木材目录

木材目录是一份硬木与软木的视觉目录，包括木材特征、基本信息等，借此可以对木材进行区分，了解它们的基本用途。

说明：本项任务内容为编制一份至少21页（每页都有一种类型木材）、封面写有"木材目录"及姓名的目录文档，且在每一页都需要包括以下内容。

1. 木材名称
2. 硬木或软木
3. 木材来源（如美国、加拿大）
4. 外观（如颜色、质地）
5. 每板英尺价格
6. 常用的用途（如家具、橱柜、地板）
7. 样品图片（彩色复印）

木材的名称使用26号字，其他信息使用14号字体。在你编制的20种木材目录中，至少要有15种硬木与5种软木。同时目录中应有以下木材。

硬木： 赤杨、榉木、樱桃木、山胡桃木、红木、枫木、橡木、杨木、柚木、胡桃木，以及其他五种

软木： 雪松木、花旗松木、松木，以及其他两种

非洲紫檀

硬木，产自西非。此木材具有红橙色或紫褐色色调，纹理中带有红色条纹。纹理图案是直的，与适度粗糙纹理相连。

每板英尺价格：8.99美元、1/4/08规格。

常见用途：室内细木工制品、家具、车削、地板等。

测验（1英寸=25.4毫米）

1. 硬木具有：
   A. 阔叶　　　B. 针叶
2. 哪种木材漆涂性好？
   A. 樱桃木　　B. 红木　　C. 白杨木
3. 哪种木材因具有天然油脂，适合制作户外家具？
   A. 枫木　　　B. 柚木　　C. 胡桃木
4. 请将木材部位与其描述进行准确匹配。

A. 髓心	运输营养
B. 芯材	外部保护层
C. 边材	原木中心
D. 树皮	树干结构部分

5. 4/4规格木材的实际尺寸是多少？
   A. 3/4英寸　　B. 1英寸　C. 1/2英寸
6. 一板英尺的尺寸规格是多少？
   A. 12英寸 × 12英寸 × 12英寸厚
   B. 12英寸 × 12英寸 × 1英寸厚
   C. 12英寸 × 12英寸 × 2英寸厚
7. MDF代表什么？
   A. 中密度纤维板
   B. 最大密度纤维板
   C. 研磨密度纤维板
8. 标准胶合板尺寸是多少？
   A. 36英寸 × 60英寸
   B. 48英寸 × 72英寸
   C. 48英寸 × 96英寸
9. 常用弯板厚度是多少？
   A. 1英寸　　B. $\frac{3}{4}$英寸　C. $\frac{3}{8}$英寸
10. 下列哪种是黑色金属？
   A. 黄铜　　　B. 铜　　　C. 钢

Chapter **4**

细木工艺

　　本章重点介绍木制家具各部分间的接合方式，包括接头接合的等距视图和分解图，并讲解了各种连接的强度和用途。

　　一般来说，各接头的连接会使用到木胶，这是一种水性胶水，涂抹完木胶后，用夹钳等将接头结合面紧压在一起即可。由于使用的是水性胶水，胶水会自然地渗入到木纤维中，让连接处的强度大大增强，更加牢固。当胶水变干后，夹钳即可拆除。通常来说，连接件断裂（分开）的位置都是处于胶合面的两侧而非胶合面。因为如今的胶粘技术已能够提供强力的胶合效果，使得木材胶合面可以承受住一定的压力。

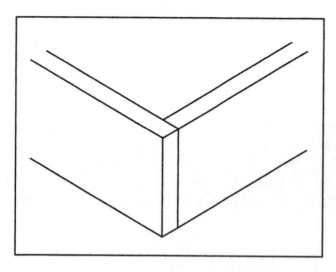
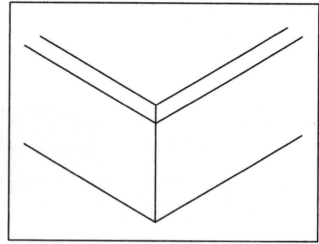

图4.1a 对接组合和分解图

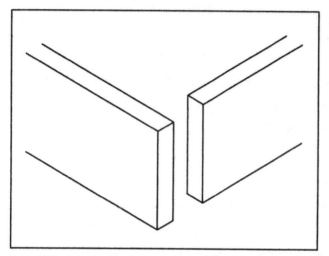
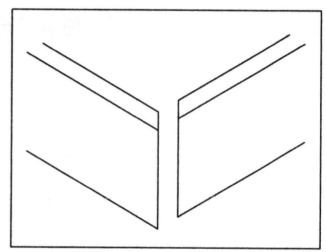

图4.1b 斜接组合和分解图

基本细木工接合方式

　　本章阐述基于木材自然特性而发展出的不同种类的细木工工艺。每种细木接合方式都有其优势与缺点，使其适于特定的应用场合。本章列出了结构从简单到复杂的多种接合方式，但具体要使用的类型还是取决于家具的设计与用途。

对接

　　对接是最简单常用的接合方式，只需要将一片对接粘贴到另一片上，然后用夹钳固定。不过这并不是一种非常牢固的胶合方式，因为只有一个面有胶水粘附。对接方式常用在小盒子方形边接合上，斜接则常用在相框或其他避免看到端头木纹的地方（见图4.1a、图4.1b）。对接可配有木钉（见暗榫接）、饼干榫（见饼干榫接）和螺钉。在使用螺钉时，接头处也会涂抹胶水，而螺钉会被用在不可见的位置。例如，家具的顶面会遮住紧固基座的螺栓。

表 4.1
常用接合方式及用途

接合方式	推荐用途
对接：小相框、小盒子、箱子	活动楔形榫接：可拆卸结构桌
活动舌榫接：大型相框	暗榫接：实木桌面和面板、橱柜制作
嵌接：抽屉柜（侧边）、橱柜	饼干榫接：实木桌面和面板、橱柜制作
槽接：抽屉箱（底部）、架子、橱柜	指形榫接：抽屉箱（边）、橱柜制作
边接：实木桌面、面板	燕尾榫接：抽屉箱（边）、橱柜制作
舌槽接：实木桌面、面板	蝴蝶榫接：实木桌面与面板
活动舌槽接：实木桌面、面板	啮接：腿与裙板连接、橱柜制作
楔形榫接：装饰腿与裙板连接	

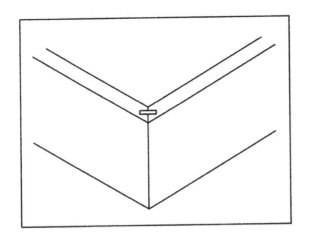

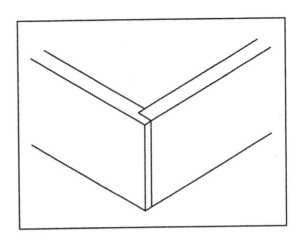

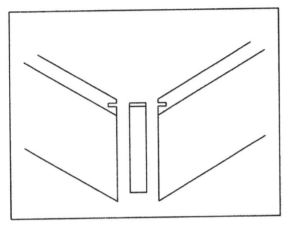

图4.2　活动舌榫接组装和分解图

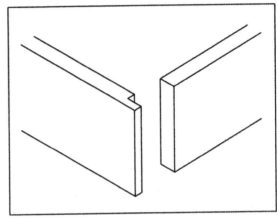

图4.3　等距视图——嵌接组装和分解图

活动舌榫接

　　相对于普通对接方式，活动舌榫接增加了一块木材，以增强连接的牢固性。采用此种方式连接的木材，两接触面各有一部分材料去除，形成凹槽，以便安装胶合在两木材中间的第三块木材。许多相框都是采用此种方式制作的（图4.2）。

嵌接

　　将木材的一端去除一部分，去除部分尺寸与另一端头的尺寸相适应。一般用于抽屉与橱柜角部的接合（图4.3）。

槽接

　　将一块板材的一部分去除，形成凹槽，槽的尺寸与另一块将要与其连接板材的厚度相同。通过槽的应用，可以使两块板材紧密地连接在一起。槽接常用于柜子、门、抽屉等的制作（图4.4）。

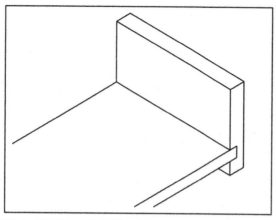

图4.4 等距视图——槽接组装和分解图

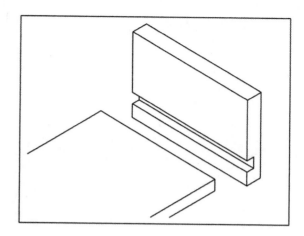

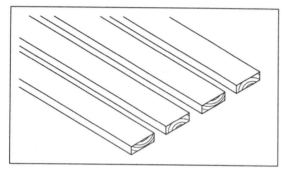

图4.5a 等距视图——边接分解图

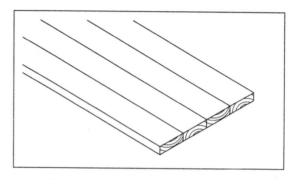

图4.5b 等距视图——边接组装图

图4.5c 侧视图——端面木纹细节分解图

图4.5d 侧视图——端面木纹细节组装图

边接

    这种接合方式能够通过较小板材的连接制作成大面积的板材，常用于桌面、门板等的制作。由于各木板膨胀与收缩不一致，为了避免出现翘曲变形，一般相邻板材的端面生长轮都会设置为相反方向（图4.5a~图4.5d）。

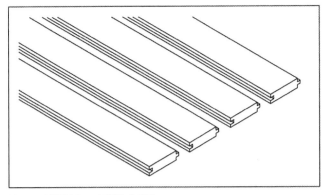

图4.6a　等距视图——舌槽接分解图

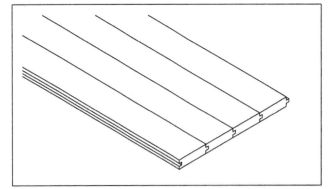

图4.6b　等距视图——舌槽接组装图

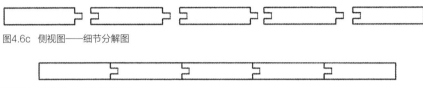

图4.6c　侧视图——细节分解图

图4.6d　侧视图——细节组装图

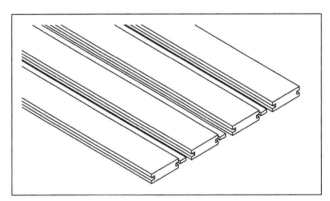

图4.7a　等距视图——活动舌槽接分解图

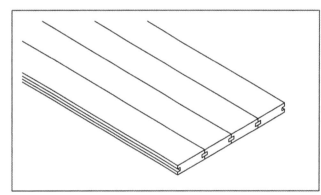

图4.7b　等距视图——活动舌槽接组装图

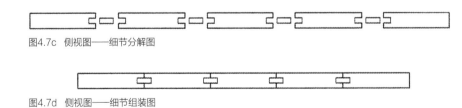

图4.7c　侧视图——细节分解图

图4.7d　侧视图——细节组装图

舌槽接

　　舌槽接头在一边切有凹槽，另一边切有舌榫或接头片。这在使两块木材贴合更加紧密的同时增大了胶合面积。这种接合方式常用于桌面或木地板的制作（图4.6a~图4.6d）。

活动舌槽接

　　这种方式与舌槽接非常相似，只是每块木材的两边都需要切有凹槽，然后利用第三块木材将两块木材连接在一起。这种接合方式与舌槽接一样也常用于桌面制作。由于许多情况下接头处端面木纹是在明处可见的，也就成为了桌子视觉细节的一部分（图4.7a~图4.7d）。

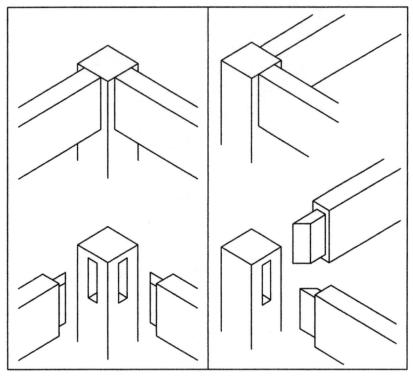

图4.8 榫卯接的两种不同角度视图

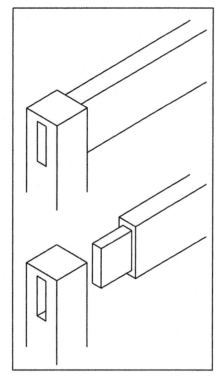

图4.9 等距视图——透榫接的榫头端面木纹成为接头的一种装饰细节

榫卯接

一块板材上有一个方形榫眼，而另一块板材有恰好可以放入榫眼的榫头。板材上的榫眼大概有材料的一半深，两个榫头都可以插入。榫卯接的榫头末端为斜接，是桌椅腿与支撑架之间常用的一种接合方式（图4.8）。

透榫接

此种接合方式的方形榫眼直接贯通板材，榫头可以直接插入到对面。是工艺美术风格家具的一种常用接合方式（图4.9）。

楔形榫接

这种接合方式类似于透榫接，但在榫头上切有楔形口，可以使用楔子。这种方式能够增加胶接面的压力，使连接更加牢固。这种接合方式在工艺美术风格家具中也常用到（图4.10）。

活动楔形榫接

除增加了穿过不用木胶榫头的楔形销子，活动楔形榫接的原理与楔形榫接一样的。这种接合方式的榫头长度大于榫眼，以便留足使用楔子的空间。活动楔形榫接常用于搁板桌等必须经过拆卸才能通过门道的大型家具制作（图4.11）。

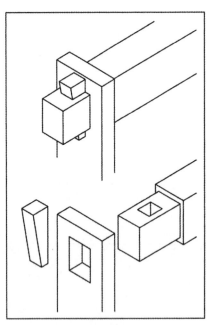

图4.10 等距视图——楔形榫接

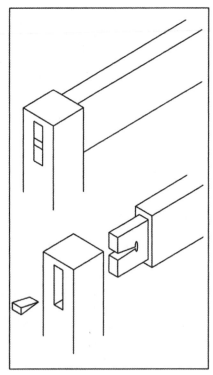

图4.11 等距视图——活动楔形榫接

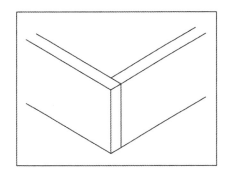

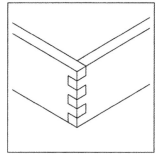

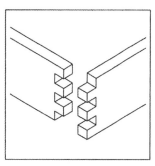

图4.14a 等距视图——指形榫接组装和分解图

图4.14b 侧视图——指形榫接

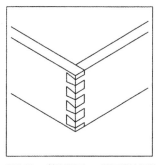

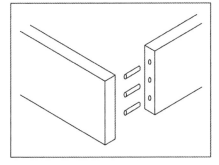

图4.12 等距视图——暗榫接组装和分解图。当接头胶合后，销钉隐藏于接头内部

图4.15a 等距视图——燕尾榫接组装和分解图

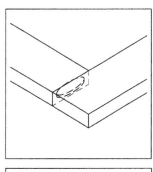

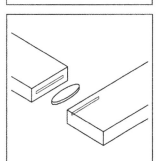

图4.13 等距视图——饼干榫接组装和分解图

图4.15b 侧视图——燕尾榫

暗榫接

这种接合方式通过使用木销钉插入两块板材的钻孔中使其连接在一起。由于水性胶的作用，木销钉在孔中会略微膨胀。由于大规模制造这种方式成本相对低廉，许多家具制造商都使用这种方式。这种方式在待装家具（RTA）和拆装式家具（KD）中也有所应用。这类家具可由终端客户自行组装（图4.12）。

饼干榫接

由于采用这种接合方式的生产速度相比暗榫接更快，它的应用范围也十分广泛。通常来说，饼干榫接是指使用手动饼干切割机在两块材料上都进行切槽处理，然后将一块饼干（一块小的椭圆形材料）涂胶后插入槽中。夹具在胶水变干前都不会拆除，使得饼干可以通过在槽中稍微膨胀使连接更加紧密。框架制作中常会发现有饼干榫接的应用（图4.13）。

指形榫接

应用指形榫接时，两块木材上会做相同数量的材料去除，在末端制作经过合适角度切割的实体与空挡组合，成指形，便于各材料的连接。框架制作中也能发现这种接合方式的应用，是家具细节设计的一部分（图4.14a、图4.14b）。

燕尾榫接

燕尾榫接与指形榫接非常相似，但其材料切割是带有一定角度而不是直角的。燕尾榫接为抽屉、橱柜制作提供了一种非常牢固的接合方式，过去常使用手锯切割，非常耗时，而如今改用带有燕尾榫刀与家具的槽刨机器进行制作（见图4.15a-b）。燕尾榫接有多种不同类型，常用到两种主要类型为全透式燕尾榫接和半隐式燕尾榫。全透式燕尾榫，可以看到两块木材的接头，半隐式燕尾榫则只有一边切割为半透，只能看到一边的接头。

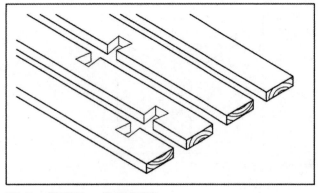

图4.16a　等距视图——蝶形接分解图

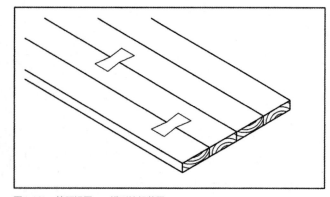

图4.16b　等距视图——蝶形接组装图

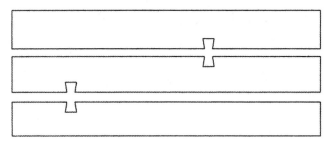

图4.16c　俯视图——蝶形接分解图

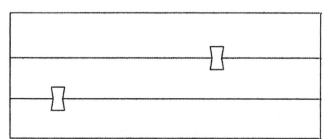

图4.16d　俯视图——蝶形接组装图

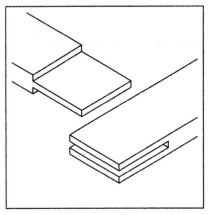

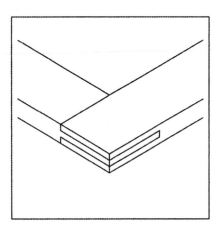

图4.17a　等距视图——直角啮接组装和分解图

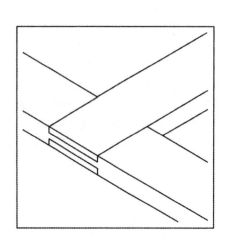

图4.17b　等距视图——T型啮接组装和分解图

蝴蝶榫接

　　这种接合方式通常用来增强板材连接的强度，连接后的木材像是两块连接在一起的燕尾榫接材料。它增加了边接胶合板材的连接强度，常在工艺美术风格家具中有所应用（见图4.16a-d）。

啮接

　　这种接合方式与榫卯接相似，主要区别在于在材料末端切割的榫眼并不是封闭的方形孔。榫头则同样需要切割，与榫眼相适应。啮接常用在桌椅制作中，主要有角啮接和T型啮接两种基本形式（图4.17a~4.17b）。

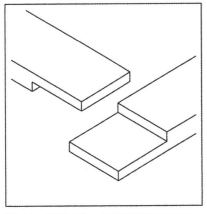
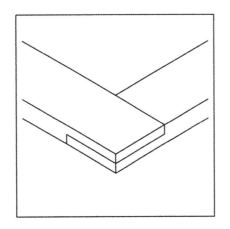

搭接

　　这种方式与嵌接相似，区别在于每块板料都要去掉交接处50%的材料。这使得板料相互重叠后总厚度与单块材料相同。搭接常用于桌腿与纵梁连接，或酒架格子制作中。搭接类型主要有三种：直角搭接、T型搭接，以及交叉搭接，具体类型可根据用途选择（图4.18a~图4.18c）。

图4.18a　等距视图——直角搭接组装和分解图

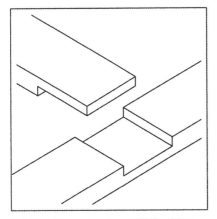
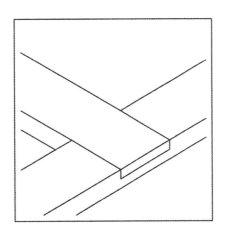

图4.18b　等距视图——T型搭接组装和分解图

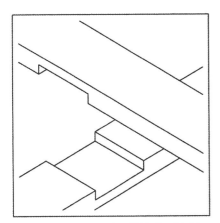
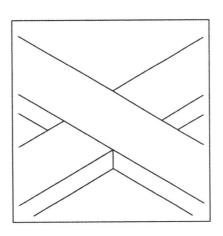

图4.18c　等距视图——交叉搭接组装和分解图

任务与测验

任务：制作一份接合方式目录

接合方式目录是一本家具接合方式的视觉目录，包含了每种接合方式的特点与基本信息。

说明：此任务至少15页（每种接合方式占一页，封面页写有"接合方式目录"和名字）。每一页需要包含以下内容：

1. 接合方式名称

2. 主要应用（如面框组装）

3. 接合方式的两幅图（如等距视图——组装和分解图）

接合方式目录中需包含下列接合方式：

4. 对接

5. 斜对接

6. 嵌接

7. 搭接（交叉搭接或直角搭接或T型搭接）

8. 边接（对接，舌槽接）

9. 槽接（半闭式槽接）

10. 榫卯接（透接或槽接）

11. 双榫卯接

12. 楔形榫接

13. 活动楔形榫接

14. 啮接

15. 燕尾榫接（全透或半隐）

16. 暗榫接

17. 饼干榫接

测验

请写出下列接合方式的名称。

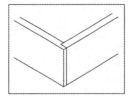
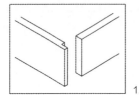
1.

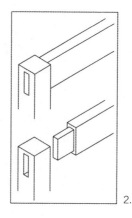
2.

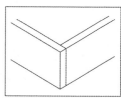
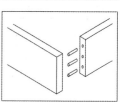
3.

4.

5.

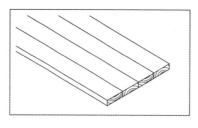
6.

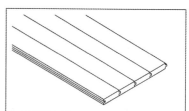
7.

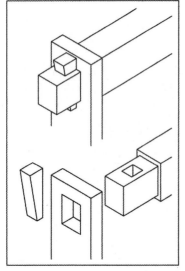
8.

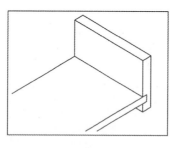
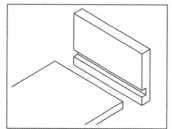
9.

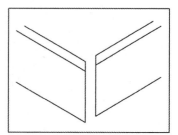
10.

Chapter 5

涂饰

　　对于许多定制家具件来说，涂饰过程所需时间可能与制作过程一样长。人们通常错误地认为家具涂饰就是简单地增加色彩或光泽。但实际上，家具涂饰是为了更好地展现木质美，展现木纹的色彩、深度、质感、风格，此外还具有保护作用，可减缓日常使用和自然环境对材质的破坏。本章介绍染色剂、涂料、油、蜡、清漆的区别及使用方法。

表5.1
砂纸目数和表面粗糙度对照表

粗糙程度	目数	用途
非常粗糙	40~60	用于家具加工成型阶段
粗糙	80~100	用于家具加工成型阶段
中等	120~150	用于家具涂装前的准备工作
细致	220	用于家具涂装前的准备工作
非常细致	320~400	用于涂饰阶段

粗糙程度

对于定制家具，设计者使用干燥处理后的原木制作整件家具，装备抽屉、门、架子及其他组件，包含安装铰链、抽屉滑轨等五金件，检查间隙，允许有一定偏差，确保家具完工且满足设计师和制作者的质量要求。此时，再使用80号砂纸进行打磨。砂纸目数和表面粗糙度对应，数值越大，砂纸越精细（见表5.1）。

这时就可以将家具拆解，以便涂饰。卸除铰链、抽屉滑轨等五金件后，使用150号砂纸进行打磨，以便将80号砂纸打磨留下的刮痕去除，接着使用220号砂纸进行打磨，使得表面更加光滑。用220号砂纸打磨后，使用粘尘布清除灰尘，然后开始涂饰工程（图5.1a~图5.1c）。

图5.1a 嵌入式碗架（干燥原木）

图5.1b 嵌入式碗架（涂饰并安装）

图5.1c 两扇门展现橡木原木和金色油性着色的不同

木材涂饰

木材涂饰工艺因涂饰品种繁多、涂饰方法各异而多种多样，下面介绍六种不同的涂饰工艺：着色、格丽斯擦拭、刷涂料、油饰、透明涂层、打蜡。

染料型着色剂

染料型着色剂是由精细研磨的染料制成的，形成一种半透明的颜色，可显现出木材的纹理图案。然而，染料着色剂通常用来改变木材原有颜色，从而改变材料的本来面貌。这种着色剂在家装店中很常见，称调和色。颜色也可以使用通用着色剂（UTC）改变或定制。着色剂通常包括水溶性着色剂、醇溶性着色剂和油溶性着色剂三类，每种类型都各有优点和缺点。

水溶性着色剂

水溶性着色剂使用水作为溶剂，将着色剂染着在木材表面。水溶性着色剂的优点在于着色均匀，可用水清洗，而且环保。具有良好的自干性能，根据空气湿度水平，干燥时间为15分钟到1小时。水性着色剂的主要缺点是遇水粗质纤维（木筋）涨起，就像将一把木勺放在洗碗机里。木材变得略显粗糙，还需用220号或320号砂纸磨去木材表面的毛刺。需要进行二次磨砂甚至是需要二层涂层，使得着色成为一个非常耗时的过程。完成着色后涂二度底漆，起到封闭作用，保护底色着色剂，最后涂面漆。这一步骤可使面漆在表面干燥光滑，以免渗入木材。

醇溶性着色剂

醇溶性着色剂使用甲基化乙醇作为溶剂，将着色剂染着在木材表面。乙醇挥发快，涂层干燥快，约5至10分钟即可，因此染色剂通常喷涂在家具表面。乙醇不会使粗质纤维(木筋)涨起，但使用起来比水性着色剂要困难。先涂二度底漆，再涂面漆。

油溶性着色剂

油溶性着色剂使用矿物油及溶剂油——石脑油，将着色剂染着在木材表面。这种类型的着色剂干燥快速，约10至30分钟，也不会使粗质纤维(木筋)涨起。使用过程中刷涂、擦拭，确保着色均匀。通常情况下，只涂一层形成基色，但是有些着色剂品牌可反复上色，多上一层颜色就加深一点。

格丽斯擦色剂

格丽斯是一种擦拭用着色剂，涂于二度底漆之上，擦色工艺是通过擦色剂改变基材颜色，最后涂上透明涂层封色。这一过程可使饰面呈更多变化，如形成一种年代久远之感。擦色过程可以是一层或多层，取决于所需外观。每层通常都是用刷子刷上去，然后在它完全变干之擦拭掉。通常擦色色调与基色差异明显，从而达到改变颜色的目的。

油漆

油漆是一种不透明涂层，遮住了木材的颜色和纹理。油漆过程很简单。一般来说，对于一件新家具，制造商会选用杨木，因为这种木材能够均匀吸收油漆，并且每板英尺成本低。乳胶漆或任何水性漆，可直接刷涂或喷涂在家具表面，根据颜色，通常不需要底漆。当使用较深色调的油漆，可能需要涂底漆以确保色调均匀。这种水性漆可用水清洁，而且更环保，但会使粗质纤维(木筋)涨起，再涂时需进行磨砂。对于家具，在油漆完成的佛罗里达州通常使用，因为最终明确的外套将创造最终完成的光泽。

对于油性涂料，应先用水性底漆密封表面。然后再用油性漆，油性漆每层通常需要6至24个小时干燥时间，能够形成坚固耐用的饰面。油性漆的耐久性使它在人流量大、使用频繁的地方，成为一个很好的选择，如餐桌。

油剂

桐油涂饰适用于原木，能够显示木材本色。上桐油一般是用干净的棉布擦上去，直至擦干。这一过程反复五到六次，每次需要6至12小时干燥时间。

沙拉碗油可涂于原木表面，与食物接触，如砧板、碗和勺子。使用这种油，是因为大多数油剂含有毒物质，不应接触到食品制备过程中使用的任何东西。可以替代沙拉碗油的是食用油，如玉米油、橄榄油等。不管是桐油还是沙拉碗油，每年都需要一至两次保养，以保护木材。

透明涂层

透明涂层是最外面的一层，可以增加颜色深度或改变家具的整体光泽，并提高保护效能。透明涂层有三种不同的类型：光面漆、清漆和聚氨酯。

光面漆有两种基本类型：硝化纤维漆和催化固化漆。硝化纤维漆因为干燥快而在家具行业中广泛应用，完全透明，不会改变原有颜色。使用这种涂饰剂，每一涂层被新的涂层部分溶解，实现完全黏合。催化固化漆就像汽车面漆，包含两部分——树脂和固化剂混合，通过化学反应形成最终涂层，再将光面漆喷涂家具。如果混合配方正确，这种光面漆能够形成坚硬的透明表面，但可能会产生剧毒。

另两种透明涂层是清漆和聚氨酯。清漆是干燥油树脂和溶剂的混合物，而聚氨酯，是一种类似清漆的产品，但是由氨基甲酸酯聚合物构成，根本上说是一种液体塑料。这两种透明涂层需要更长时间干燥，有时需要6~24个小时，可以刷或喷涂。它们可以仅作为光泽涂饰，也可以加着色剂形成透明色彩。另外，也可以涂在外层，经受风吹日晒。例如，船身一般外层涂清漆，当暴露在风雨中，清漆比聚氨酯更耐黄变。

蜡

打蜡可以代替透明涂层，而且更环保，但有局限性。过去的蜡质产品是由蜂蜡混合其他蜡制品，并用溶剂溶解，由家具制造商进行混合。现在的蜡制品是预混合状液体或膏体，将蜡涂在家具表面，用干净的软布擦拭均匀。蜡可以直接用于原木，但通常应先使用油溶性着色剂封住表面，并添加一层柔和的光泽。随着时间的推移，有时需要重新上蜡，另外，打蜡也是保护古董家具的一种很好的方式。关于古董家具的注意事项：古董家具原本那层包浆同材料本身一样重要。因此，保护那层包浆就是保护家具的价值。

金属涂饰

氧化

氧化是由于金属暴露在空气中，与氧气发生反应的自然变化。钢铁会生锈，变成温暖的橙棕色调；铜会生铜锈，先变成深棕铜色，后变成蓝绿色。氧化过程可以用化学物质或天然成分加速。例如，可以将铜与木屑、氨和盐一起置于密封的塑料袋中，铜会生绿锈。在任何氧化的过程中，一旦达到目标颜色，就需要进行封色，通常用蜡进行。

热处理

通常可用一些有色金属如铜、黄铜和青铜等，进行热处理涂饰。将金属表面慢慢加热，直到形成目标颜色。金属一旦冷却到室温，就需要用蜡或透明涂层进行封色。

抛光

抛光可应用于任何金属，通过研磨改变金属表面。

表面拉丝处理是用砂纸按照一个方向打磨金属，如此砂纸形成的划痕都是同一方向。角磨机有一个旋转的磁盘，可以在金属表面形成圆形图案。一旦形成预期外观，就需要用透明涂层进行密封。

粉末涂料

粉末涂料涂装过程，是指彩色粉末带上正电荷，而金属部件带负电荷，然后将粉末喷涂到金属部件，在静电力的作用下，使粉末粘在金属表面。一旦粉末附着在金属部件，将其置于窑炉烘烤，将粉末熔于金属表面。然后将其从窑中取出，颜色将永久附着。粉末涂装表面耐自然侵蚀，是户外设备的理想选择。

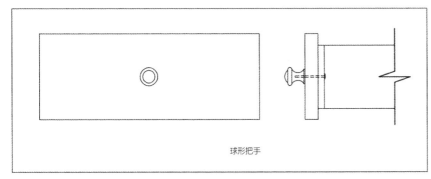

图5.2a 带球形把手抽屉的前视图和剖视图

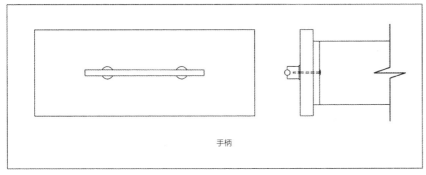

图5.2b 带手柄抽屉的前视图和剖视图

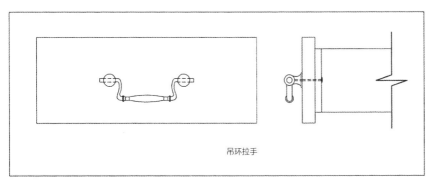

图5.2c 带吊环拉手抽屉的前视图和剖视图

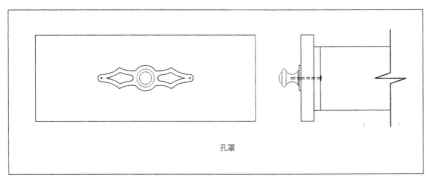

图5.2d 带孔罩和球形把手抽屉的前视图和剖视图

基础家具五金件

家具五金件包括很多，既有装饰物品，如球形把手，也有机械零件，如铰链和抽屉滑轨。下面将介绍多种不同类型的五金件及可行的选择。

门和抽屉拉手

抽屉拉手可分成三类：球形把手、手柄、吊环拉手。所有这些拉手功能相同，即形成一个固定装置，以便开关门或抽屉，具体选用哪种完全基于美观考虑。球形把手是单一风格拉手（图5.2a）。它通常由门或抽屉后方的单螺栓固定。这些零件根据家具风格，由金属或木材制成。

手柄与门或抽屉有两处连接，与球形把手通过螺栓固定在门或抽屉相同，手柄也是同样的连接方式。手柄通常由金属制成，但也可由玻璃、塑料和木材制成（图5.2b）。

吊环拉手与手柄安装在抽屉的方式相同。区别在于，吊环拉手在两侧有铰链点可以摆动。吊环拉手由金属制成，因为金属材料强度大（图5.2c）。

孔罩是球形把手或钥匙孔的挡板。这是装饰物品，用螺栓安装在门或抽屉背后，使用直钉或小螺钉固定两端（图5.2d）。

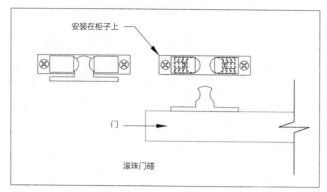

图5.3a 带孔罩和球形把手抽屉的前视图和剖视图

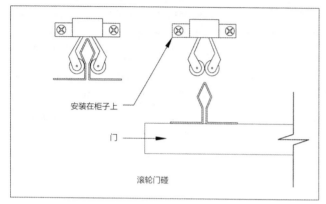

图5.3b 带孔罩和球形把手抽屉的前视图和剖视图

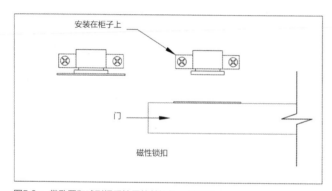

图5.3c 带孔罩和球形把手抽屉的前视图和剖视图

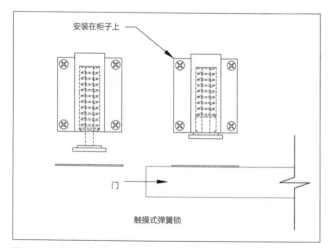

图5.3d 带孔罩和球形把手抽屉的前视图和剖视图

门扣

门扣有多种不同类型，选用哪种取决于你希望它如何固定门扇以及它的外观。大多数门扣都基于弹簧扣或磁性扣（图5.3a~图5.3e）。

滚珠门碰，门扇安装锁销，门框安装弹簧夹。

弹簧外壳以及锁销由黄铜打造，通过对门夹两侧施力，锁销将门固定。

滚轮门碰，门扇安装锁销，门框安装双轮，当关门时，滚轮将锁销固定。

磁性锁扣，门框安装磁铁，门扇上安装钢垫，当关门时，钢垫接触到磁铁，将门关闭。

触摸式弹簧锁适用于没有安装把手的门，用户推门，门弹开。弹簧锁是连接弹簧的磁铁，门扇上装有钢垫。当门被触碰时，弹簧会松开，弹簧上的磁铁与门分开，从而打开门。

地弹门夹，门框钻孔安装内置弹簧，圆柱及滚珠轴承固定其上，门扇底端安装金属垫，当关门时，金属垫与滚珠轴承相连，门关闭。

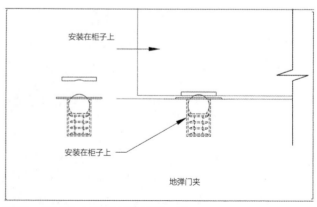

图5.3e 带孔罩和球形把手抽屉的前视图和剖视图

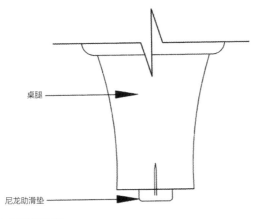

图5.4a 带尼龙助滑垫的腿足剖视图

桌腿

尼龙助滑垫

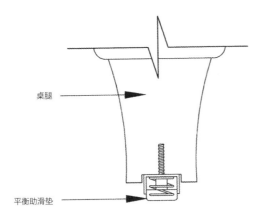

桌腿

平衡助滑垫

图5.4b 带平衡助滑垫的腿足剖视图

助滑垫

助滑垫是家具中看不到的部分，它们安装在家具底部，用以在地面移动时保护家具，同时避免地面不被磨损或刮花。助滑垫一般由尼龙制成，钉子置入塑料，这种助滑垫只需钉入家具底部表面（图5.4a）。

平衡助滑垫与尼龙助滑垫功能一样，区别在于塑料垫安装于独立弹簧和定位螺丝上，如此便可调整滑垫以使家具平稳（图5.4b）。

货架支架

设计可调式货架时，需要用到支架。在货架的每个角落安装短桩，钻孔将其钉入孔内，钻孔要深以固定短桩，货架就靠短桩来支撑。

脚轮

脚轮能够使家具滚动，如咖啡桌或砧板岛台。脚轮有各种尺寸，具体可根据需要支撑的重量选择。另外还可选择不同轮径、固定或旋转、可上锁的脚轮。脚轮穿过法兰用螺栓安装在家具上，或者脚轮有金属杆可安装在家具底部洞孔中。脚轮的总高度为从转轮底部到法兰顶部（图5.5）。

法兰
支臂
刹制器

脚轮细部图

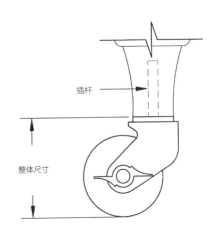

插杆

整体尺寸

图5.5 左图，脚轮安装在家具底座，如咖啡桌；右图，脚轮安装在家具腿足底座，如茶几

任务与测验

任务：饰面马克笔渲染

在该项目中，你将进行木材和金属饰面的效果图渲染，这样可以在图纸上向客户展示材料涂饰。

说明：请选取三件家具，按照家具的彩色照片进行效果图渲染。先用铅笔打底稿，再用钢笔勾勒线条。线稿绘制完成后，按照片中饰面效果使用马克笔涂色，并用灰色马克笔调整色调和添加阴影。图5.6a和图5.7a是两张不同类型桌子的照片。图5.6b和图5.7b是马克笔渲染饰面的示例。

测验

回答以下问题，从所给的选项中选择最佳答案。

请将下列砂纸目数和表面粗糙度对应起来。

1. "非常粗糙____" 2. "粗糙____"
3. "中等____"   4. "细致____"
5. "非常细致____"
A. 220 B. 60 C. 320 D. 100 E. 150

6. 哪种着色剂是最环保的？
A. 水溶性着色剂 B. 醇溶性着色剂
C. 油溶性着色剂

7. 哪道工序不需要透明涂层？
A. 格丽斯擦色 B. 醇溶性着色剂着色
C. 打蜡

8. 哪种木材最好刷漆？
A. 柚木   B. 橡木   C. 杨木

9. 哪种光面漆包含两部分——树脂和固化剂？
A. 硝化纤维漆 B. 催化固化漆

10. UTC代表什么的缩写？
A. 特别着色剂 B. 通用着色剂 C. 通用色调

图5.6a 茶几

图5.6b 黑色喷涂桌面，使用20%、40%、60%、80%的灰色完成。使用秋麒麟色表现木质色调，与照片相同

图5.7a 涂饰处理后的桌子

图5.7b 涂饰处理后的桌子马克笔渲染效果图

Part 2

生活空间家具设计

Chapter 6

餐厅家具设计

　　本章介绍餐厅中不同的家具设计方法。餐厅家具当从餐桌开始，本章将介绍如何制作实木桌面和贴面桌面，以及餐桌边缘不同细部处理的方法。还将介绍如何制作圆形桌面，展示不同桌腿细部，如车削腿、锥形腿，爪形弯腿等。此外，还将讲解如何完整制作一张典型餐桌，包括带活页板的餐桌、案板式桌面，搁板桌设计，以及桌脚、桌腿、牙板和桌面如何连接在一起。本章还涉及餐椅、扶手椅及其不同类型椅垫的制作，最后将介绍储存柜，如餐具柜、瓷器柜等。

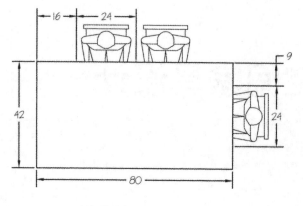

长方形餐桌（至少6人）

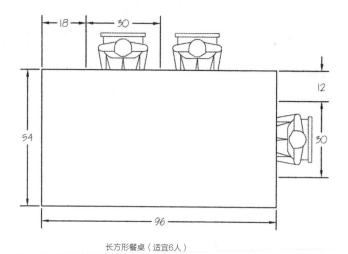

长方形餐桌（适宜6人）

图6.1 长方形餐桌尺寸

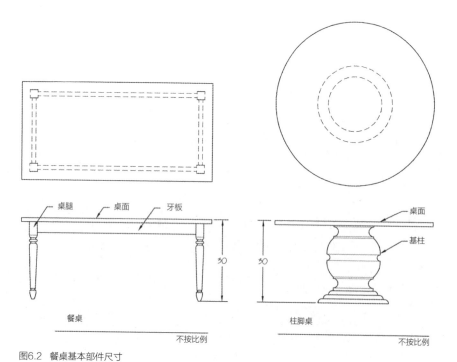

桌腿　桌面　牙板

餐桌

不按比例

桌面

基柱

柱脚桌

不按比例

图6.2 餐桌基本部件尺寸

餐桌

设计餐桌时应考虑餐厅空间。桌子的尺寸和形状取决于空间的尺寸和形状，并应留出标准的过道空隙；同时，还受到客户期望桌子有哪些功能的影响。你需要了解桌子是坐4人、6人还是8人，以及桌子是否需要在特殊情况下展开。

当设计这类家具时，首先考虑的维度应该是台面高度，桌面应距离地面29英寸~30英寸。其次是每人需要多少桌面空间，以相邻两人肘与肘间距30英寸为最佳，最小24英寸也可接受（图6.1）。

图6.3 木纹方向侧视图

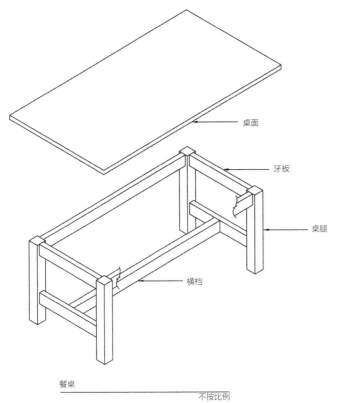

桌面

牙板

桌腿

横档

餐桌

不按比例

图6.4 餐桌部件等距视图

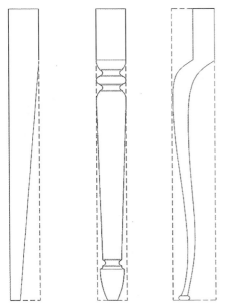

图6.5 锥形腿、车削腿、爪形弯腿示例。虚线表示材料在切割或撤销之前的板材形状

餐桌部件

根据餐桌类型不同，最基本的部件包括桌面、牙板、桌腿、横档、底座等（图6.2）。

桌面可用实木拼板胶合而成，形成所需尺寸。如果桌面使用标准切割木料，那么木料端纹方向粘合，每块木板纹理方向相反，以免起翘（图6.3）。桌面也可由饰面板制成，拥有多种纹理图案；也可由其他材料制成，如金属、石材、玻璃等。

牙板是连接桌腿部分的结构部件，牙板连同桌板共同构成桌子底座。并非所有类型的桌子均有牙板（图6.4）。桌腿也是桌子的结构部件，可以有多种形式，如锥形腿、车削腿、爪形弯腿等。桌腿都是由一块实木木料经过切削形成最终的形状（图6.5）。

实木桌面

实木桌面由多个木板拼接形成整体桌面，边靠边胶合，使用榫槽或饼干榫连接，再经过桌面打磨后与底座连接。所有餐桌，桌面不会与底座胶固，而是通过螺钉固定，原因是桌面有时需独立于桌子其他部分，自行伸展和收缩。此外还有其他将桌面连接的方式，如使用螺钉、角铁或木钮。

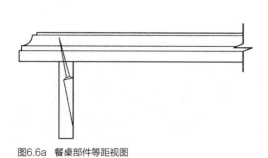

图6.6a　餐桌部件等距视图

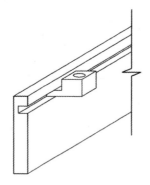

► 六角螺钉，穿过牙板的斜孔拧入桌面。

► 角钢，通常是两边互相垂直成直角形的长条钢材，上面带槽孔，穿过槽孔用螺钉拧入牙板和桌面。

► 木钮，是一块木块，嵌入牙板背部榫槽，用螺钉拧入桌面。

最后一种将桌面固定于底座上的方法是"8"字形连接。这就类似于两个相连的钢制垫圈，其中一个螺钉嵌入牙板，另一个嵌入桌面底部（参图6.6a~图6.6d）。

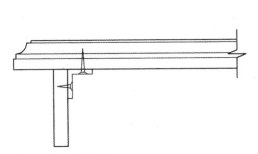

图6.6b　餐桌部件等距视图

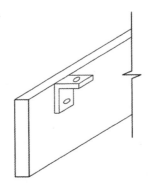

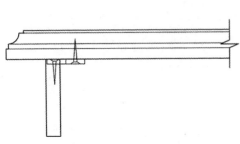

图6.6c　餐桌部件等距视图

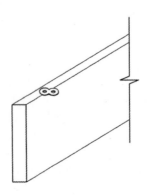

图6.6d　餐桌部件等距视图

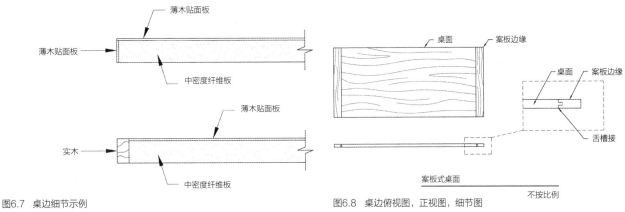

图6.7 桌边细节示例

图6.8 桌边俯视图，正视图，细节图

案板式桌面

不按比例

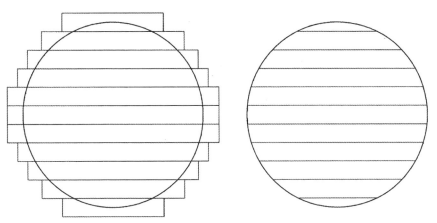

图6.9a 实木圆桌面，由左侧布局的木板切割为右侧形状

胶合板

实木

桌面

基柱

30

柱脚桌

不按比例

桌边细节

不按比例

图6.9b 带实木边缘的胶合板圆桌面

贴皮桌面

贴皮桌面不会像实木桌面那样膨胀或收缩。因为贴皮胶固于基板材料MDF中密度纤维板，所以桌面固定于底座之上，无需担心会膨胀或收缩。MDF是一种稳定材料。桌缘可用贴皮或实木做饰面，实木比贴皮更耐用（图6.7）。

案板式桌面

案板式桌面由实木制成，长纹理与桌面长边方向一致，而两短边边缘贴饰件纹理与长纹理方向垂直，且接触端面一般会有一道切槽，与桌面使用舌槽榫接方式连接。

圆桌面

实木圆桌面是由众多小木板胶合而成的大木板切割加工而成（图6.9a）。桌面有两面具有长纹理，而另两面会有端面纹理。胶合板或薄木贴皮桌面边缘由八块尺寸相同的实木块组成，这些实木都是从其他实木边沿上切割下来的（图6.9b）。这种切割加工方法避免了材料的浪费，也确保了长纹理外观的一致性。各实木块通过搭接的方式与内部胶合板或薄木贴皮桌面连接。

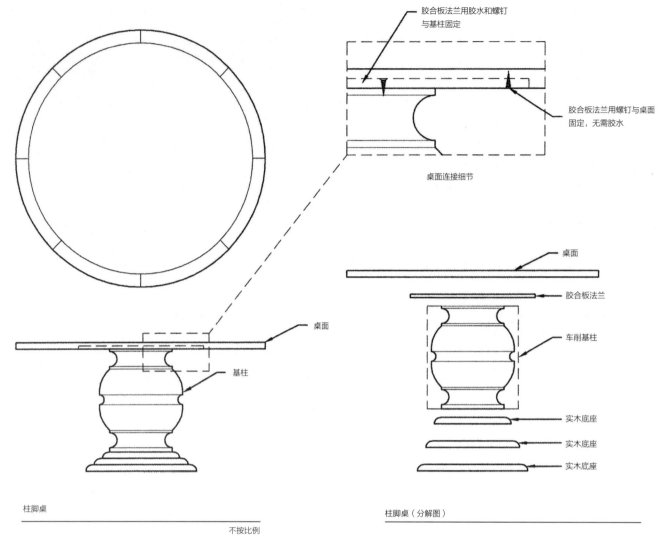

胶合板法兰用胶水和螺钉
与基柱固定

胶合板法兰用螺钉与桌面
固定，无需胶水

桌面连接细节

桌面

胶合板法兰

车削基柱

实木底座

实木底座

实木底座

桌面

基柱

柱脚桌

不按比例

柱脚桌（分解图）

图6.10　左图表现了典型的柱脚桌；右下图为分解图，右上图为桌面与基柱连接图

餐桌类型

前面了解了桌子的基本构造及桌面与底座如何相连，接下来介绍柱脚桌、搁板桌、伸缩桌这三种类型的桌子是如何制造的。柱脚桌有一根独柱支撑桌面。搁板桌由中间的横担链接两条桌腿，伸缩桌能够展开容纳更多人上桌。

柱脚桌

柱脚桌，在底座有一根独柱结构支撑桌面重量，柱脚可作为底座，只要足够宽大能够支撑桌面重量就可以。桌面越宽大，所需独柱结构也要越宽大。柱脚桌也可选择底座

不用独柱结构，而是多条桌腿，较小的桌子一般有三条桌腿，而较大的桌子通常有四条桌腿。

基柱是一种典型的车削制品，顶端表面带有法兰，可以与桌面进行连接。法兰由胶合板制成，拧入基柱，然后法兰上部从桌面底部拧入到桌面。如果基柱没有其他支腿，将会被连接到一个实木制成的底座中。根据样式风格的不同，基柱可以有不同的剖刨线。底座具体厚度取决于所用木材的厚度，而且这些底座可以通过层层堆叠来创建更大的底座，各层之间通过螺栓相互连接（图6.10）。

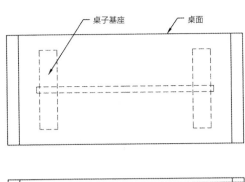

桌子基座 桌面

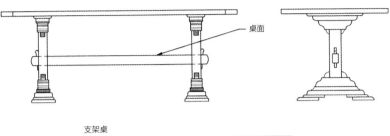

桌面

支架桌

不按比例

图6.11a 常用搁板桌设计

图6.11b 纵梁通过活动楔形榫连接方式与立柱连接

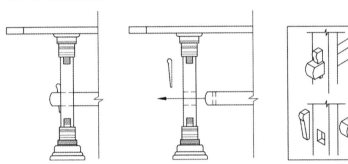

桌面

基座上部

基座柱体

基座上部

桌脚

支架桌（侧视图） 支架桌（分解图）

图6.11c 左图，侧视图；右图，实木零部件展示分解图

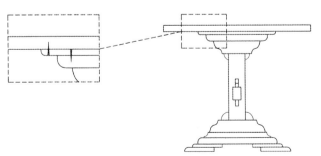

图6.11d 桌面与基座螺钉连接细节图

支架桌

支架桌具有两根支撑桌面的构造柱，构造柱之间使用纵梁进行连接，也被称为框架结构横档（图6.11a）。横档通常使用活动楔形榫接方式进行连接，这使得支架桌可以被拆解以便于运输及递送到家中（图6.11b）。由于框架结构横档的使用使得桌子可能无法通过门道，必须要求横档能够轻松拆除。立柱通常具有实木的上、下基座。这些基座可以制作成不同的宽度、厚度以便给立柱结构上增添不同的细节与特色内容。同时这些基座也能够分散重量，使得家具更加稳定（图6.11c）。

基座上还带有与桌面的连接点（图6.11d）。

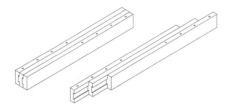

图6.12a 一种常用伸缩滑

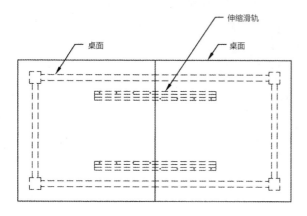

桌面 ← 伸缩滑轨 → 桌面

餐桌

不按比例

图6.12b 伸缩餐桌滑轨闭合时的平面图与立面图

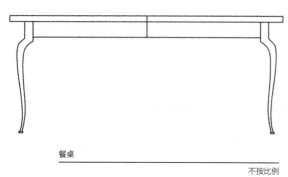

桌子基座 ← 活页板 → 伸缩滑轨 → 桌面

餐桌

不按比例

图6.12c 伸缩餐桌滑轨展开时的平面图与立面图

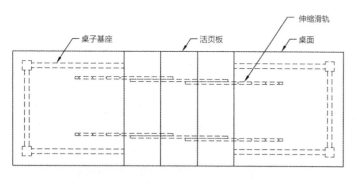

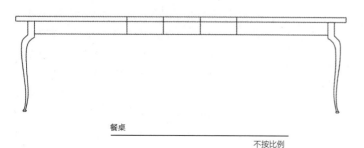

伸缩桌

伸缩桌具有多种不同的类型样式，不过各种样式设计的目的都是为了在需要时增加桌面的可用面积尺寸。

常用的伸缩桌可以通过将活页板从桌子中间底面解锁，然后从两端拉出来扩展桌面大小（图6.12a）。桌子底面连接两块可伸缩的扩展块，通常为木质，带有燕尾槽轨互锁。个别活页板安装在扩展块提供的空间内部。一种常用的活页板为12英寸宽（1英寸=25.4毫米），根据桌子设计需要，可以使用两块、三块或四块活页板，四块活页板都装上时，可以将桌子长度增加48英寸（图6.12b、图6.12c）。活页板在不使用时可以收至桌底存放。裙板及伸缩滑轨之间需有足够空间以保证活页板能够翻转为与桌面垂直状态，置于伸缩滑轨之间承托支架上。不过通常设计上并不带裙板，因此只需要根据活页板厚度去设置空间即可。

另外一种伸缩桌就是案板式伸缩桌，它与标准案板桌不同，因为这种样式桌子的末端是被设计用来滑出后支撑活页板的。

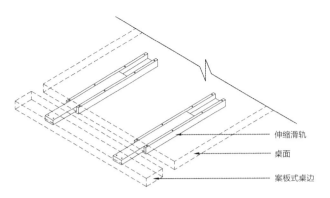

伸缩滑轨

桌面

案板式桌边

图6.13a　案板式伸缩桌的滑轨

这种风格样式一般应用在基座由横档相连接而无法分离展开的桌子上。它在桌子末端增加了案板，案板与能够滑入桌底的两块木材相连接（图6.13a）。当案板滑出时，桌子两侧活页板即是展开。不过这种样式桌子也有两大不足：首先，桌子只能够采用两块12英寸宽的活页板，（1英寸=25.4毫米）每边一块，也就是桌子完全展开后桌子尺寸只能增加24英寸；其次，桌子的基座不可移动，因此当桌子展开后，桌腿的安放方式由桌子尺寸决定（图6.13b、~图6.13c）。

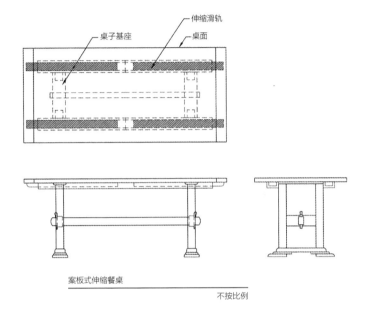

桌子基座

伸缩滑轨

桌面

案板式伸缩餐桌

不按比例

图6.13b　案板式伸缩餐桌闭合时的俯视图与正视图

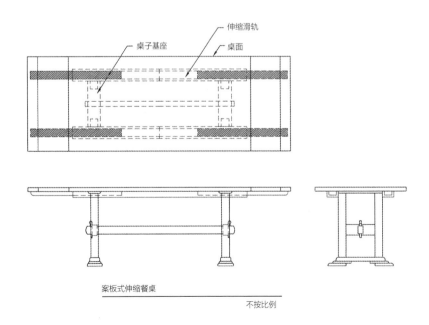

桌子基座

伸缩滑轨

桌面

案板式伸缩餐桌

不按比例

图6.13c　案板式伸缩餐桌展开时的的俯视图与正视图

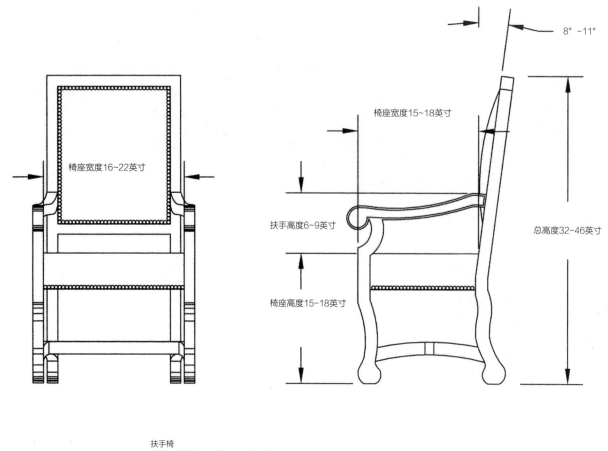

椅座宽度16~22英寸

椅座宽度15~18英寸

8°－11°

扶手高度6~9英寸

椅座高度15-18英寸

总高度32-46英寸

扶手椅

不按比例

图6.14　餐椅尺寸范围示例（1英寸=25.4毫米）

餐椅

　　餐椅的设计是根据人体工程学，主要基于人体测量数据和比例及人与桌子的关系进行的。餐椅是最难设计的家具之一，因为餐椅必须舒适，设计师必须通晓并巧妙应用人体工程学。除了掌握人体正确尺寸，并且恰当的调度，设计师必须了解适当的角度。角度不合适，椅子久坐会不舒服。接下来讨论为何两把完全相同的椅子因垫衬质量不同而产生不同价格。表6.1列出了一些餐椅的基本尺寸和角度数据（图6.14）。

　　一把椅子必须结构坚固以能支撑一人重量为前提，但同时又应十分轻便可在房间内随意搬动。通常，餐椅的木质框架类似四腿桌子，一个典型的餐厅椅子的木结构构造像一四条腿的桌子。椅座侧档各端有榫卯连接桌腿，并用三角木和角块固定增加力度（图6.15）。

表6.1　餐椅尺寸（1英寸=25.4毫米）

尺寸及角度	用途
15英寸～18英寸	椅座距离地面高度
15英寸～18英寸	椅座深度
32英寸～46英寸	椅子整体高度
16英寸～22英寸	椅子宽度（超宽椅子宽度可以至26英寸）
6英寸～9英寸	扶手距离椅座高度
8°～11°	椅背角度

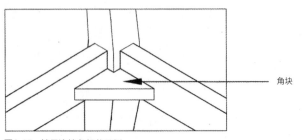

角块

图6.15　椅子连接角细节示例

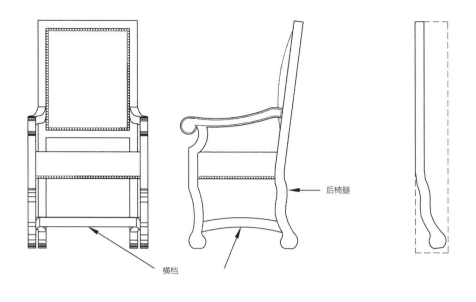

后椅腿

横档

扶手椅

不按比例

图6.16　图为带有横撑的椅子，椅子侧视图展示了椅子后退的轮廓。右侧虚线内展示了制作椅子后腿所用材料

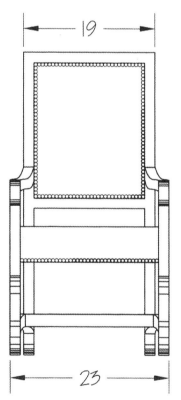

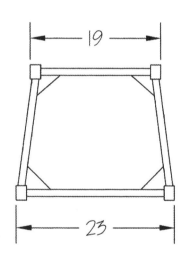

椅子后腿直接向上，形成椅背的斜度，每条后腿都应是一块完整木料切割（图6.16）。这样一来，当有力量作用于椅背时，椅子能够增加力度。在设计酒店餐饮用的餐椅时，因比普通餐椅使用次数多，需要更持久耐用，可以增加横档，可提高整体承受力度，这一点非常重要。图6.16为路易十四式扶手椅，有两种类型的担横档。第一种连接前后腿，增强前后承受力度；第二种连接左右腿，增强两侧承受力度。

大多数餐椅座位前面尺寸大比后面，不是完全的正方形，而是前宽后窄。因此，如果座位前部为23英寸宽，后部可能缩窄4英寸到19英寸宽（图6.17）。（1英寸=25.4毫米）

图6.17　椅子前视图与椅子框架俯视图

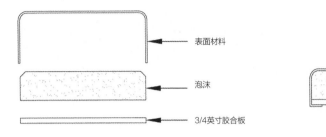

表面材料

泡沫

3/4英寸胶合板

图6.18a 椅子前视图与椅子框架俯视图

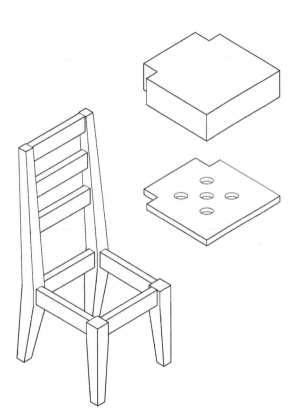

图6.18b 用胶合板和泡沫所制作椅子的等距视图

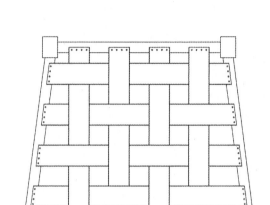

图6.19 带织带椅子框架的俯视图

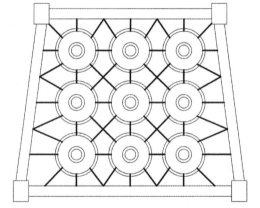

图6.20 左侧，八方向固定双锥弹簧座椅俯视图；右侧，双锥弹簧的俯视与正视图

软包椅

　　说到软包椅，在颜色和纹理等方面用户都有很多选择。椅子的成本就在于选用哪种类型的垫衬和软垫。第一种是软座椅，是最便宜的一种，座椅是完整的一块垫衬，使用螺栓、三角木固定在椅子上。它可以是一块3/4英寸的胶合板加泡沫覆层，（1英寸=25.4毫米）并覆盖棉套及面饰材料。如果面饰材料是皮革或仿皮，需要打孔至胶合板，从而使坐垫受力时能够呼吸（图6.18a、图6.18b）。

　　一种升级的坐垫，有织带固定在椅子座位框架上侧（图6.19）。织带上方覆盖泡沫或如棉套的衬垫。面饰材料包覆着棉垫，固定在缠附在座位框架下侧，如此可使得坐垫固定不移动。因此，在座椅衬垫装饰之前，椅子木质结构需要完成最后的饰面。

　　另一升级坐垫是弹簧座（图6.20）。这类坐垫同样有织带固定在椅子座位框架上侧，然后上方捆扎双锥形弹簧，即弹簧被捆扎，绑在椅架上。这使得弹簧能够形成一个完整系统工作，而非单独工作，"八个方向固定弹簧"就由此得来，每个弹簧都从八个方向固定。上方覆盖棉套，最后饰面材料固定于椅架。

　　对于所有这些坐垫类型，椅架底部都有底衬，这是椅架内部衬垫的吸尘器。因为所有类型的椅子翻过来都一样，而有这样的底衬，才能让人摸一下判断是什么类型的坐垫。

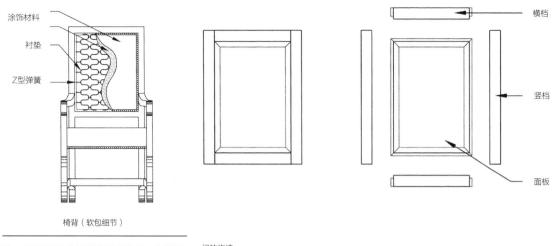

图6.21 带Z型弹簧或S型弹簧的软包椅。各弹簧捆扎连接为一个整体系统工作。弹簧上方覆盖棉套等填充材料和饰面材料

门的构造

不按比例

图6.22a 左侧，典型组装门；右侧，组装门的分解图

椅背结构：Z型弹簧或S型弹簧

Z型或S型金属丝一般用于软包椅的椅背。金属丝的线规或粗细由椅子预计负荷及椅背高度决定。这是因为金属丝需要从椅架一端连至另一端，距离越大，所需线规数值越大。金属丝弯回曲折，形成弹簧的效果（图6.21）。弹簧使用螺丝固定于椅架，捆扎连接，使所有弹簧形成一个整体系统工作。最后在弹簧上方覆盖棉套和饰面材料。

自助餐台

自助餐台作为餐厅的储存和菜品区，通常与餐桌的设计元素匹配。多数自助餐台设计会有抽屉用来储放房餐具和餐巾，下部有门储放较大物品，如碗碟。门的构造通常包括三部分：竖档、横档、面板（图6.22a、6.22b）。竖档就是外侧两块竖直板条，横档水平横于两侧竖档之间。竖档和横档内侧都有凹槽，用以固定面板。竖档和横档胶固连接，推拉门位于中间，面板没有固定，可以伸缩（图6.22c~图6.22d）。

竖档与横档边缘常用的四种基本形状轮廓为斜面型、珠型、双弯曲线型与圆角型（参图6.22e）。这几种基本形状都有槽的应用，利用刳刨机或牛头刨床将材料加工为所需要的外形。

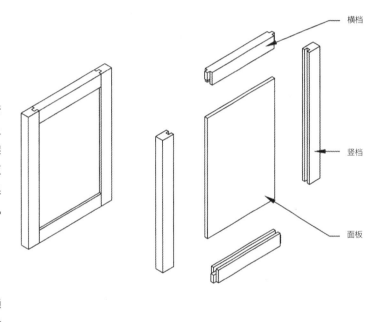

门的构造

不按比例

图6.22b 典型门结构的装配与分解等距视图

图6.22f展示了一个标准方形竖档，这就意味着竖档边缘并未经过刨床加工，且切有一道槽以夹持住中间的板材。方形外形常见于工艺美术风格与当代风格家具。

图6.22f中其他三幅图对常用平板门、凸镶板门机玻璃板门进行了展示。平板门使用1/4英寸胶合板作为面板插入切槽。凸镶板门由3/4英寸的实木通过胶粘后形成所需尺寸，边缘通过刳刨制作为1/4英寸，插入切槽中，并留有1/16英寸的缝隙（1英寸=25.4毫米）。留下的缝隙使得面板能够适应材料随温度变化产生的膨胀收缩。图6.22f中的最后一幅图展示了具有可拆除木背边的玻璃面板门，由此门可以在玻璃镶嵌好之前就完成。门上玻璃如果被打破，也可以进行替换。木材的背边通过直钉或小螺丝进行固定。这几种连接方式也同样可用于任何非木质材料，如金属板或隔板的连接上。

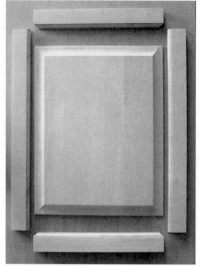

图6.22c 典型门结构的装配图（左）与分解图（右）

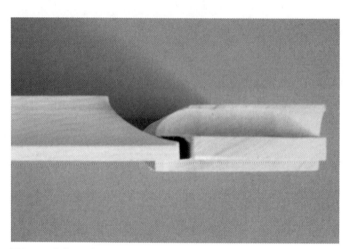

图6.22d 竖档、凸板、横档的细节图

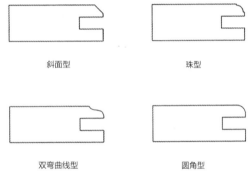

斜面型　　　　　　　珠型

双弯曲线型　　　　　圆角型

图6.22e 四种竖档、横档的基本边缘形状轮廓

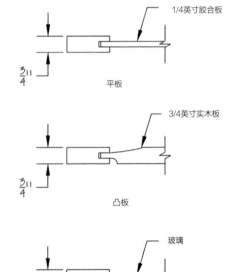

1/4英寸胶合板

平板

3/4英寸实木板

凸板

玻璃

背部木件支撑玻璃

玻璃板

图6.22f 平板门、凸板门与玻璃板门示例（1英寸=25.4毫米）

图6.22g 竖档与横档胶合在一起前的凸镶板与横档末端纵断面图

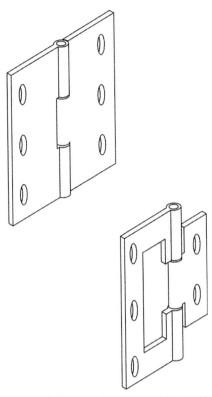

门与橱柜五金件

　　自助餐柜柜门可以使用不同的五金件，包括铰链、球形把手、撞锁等（球形把手与撞锁详见第5章）制作。铰链可以作为装饰细节的一部分，也可以隐藏安装。使用标准筒——销铰链是悬挂门的一种简单方式，有多种不同的尺寸与成品。铰链也可分为嵌入式铰链与非嵌入式铰链（图6.23）。使用嵌入式铰链时，需要将门边的部分材料去除以放入铰链。而非嵌入式铰链装在门与柜体之间，并不需要对门进行切割。

　　如果不需要将铰链作为外观细节的一部分，隐藏式铰链是一种很好的选择。隐藏式铰链安装在门后与柜子内部，从外部无法看到，起到了隐藏的效果，而且可以根据需要调整位置。常用铰链主要有三种基本样式：插入式、覆盖式及半覆盖式。铰链样式的选用取决于家具门的安装方式（图6.24a~图6.24c）。插入式铰链门装在家具框架内。覆盖式铰链门安装在家具前侧并将整个家具前侧都覆盖住。半覆盖式铰链门安装在多门家具前侧。

图6.23　筒式铰链：左侧围常用筒式铰链，右侧为非嵌入式铰链

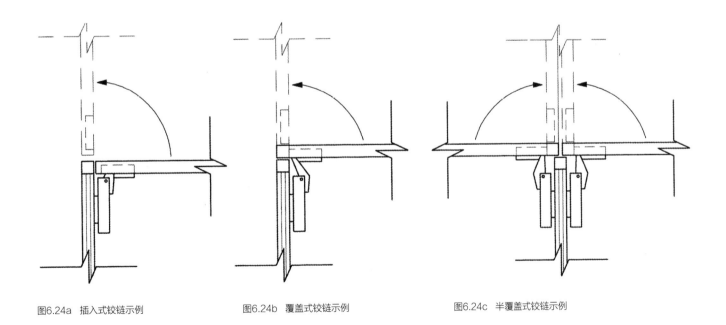

图6.24a　插入式铰链示例　　　图6.24b　覆盖式铰链示例　　　图6.24c　半覆盖式铰链示例

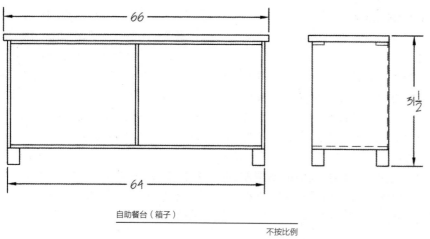

自助餐台（箱子）

不按比例

图6.25　3/4英寸胶合板副框架施工示例

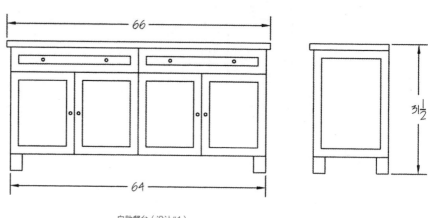

图6.26a　带有简单的抽屉与门

自助餐台（设计#1）

不按比例

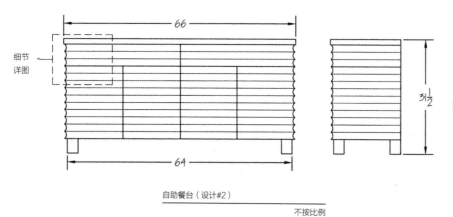

细节
详图

自助餐台（设计#2）

不按比例

图6.26b　采用内凹拱形细部构建隐藏抽屉与门

定制设计与模块化设计

　　室内设计师可以根据定制家具制造商的要求设计出任何风格、类型或尺寸的家具。这在家具生产线上通常是不太可能的，因为多数公司都是使用模块化设计。这意味着两种不同风格的家具完全有可能使用不同生产线中完全相同的部件。因此，家具工装与切割清单里可能有50%以上内容是相同的，不能随意改变家具尺寸及增添细节。这也是

大型家具制造商降低生产成本的一种方式。下面这个例子展示了副框架的模块化设计应用。根据设计，添加不同材料到副框架创建不同整体造型（图6.25）。副框架使用3/4英寸胶合板及实木表皮。图6.26a~图6.26g中各例展示了副框架的不同变化。（1英寸=25.4毫米）

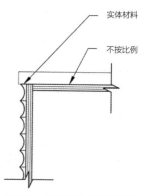

实体材料

不按比例

图6.26c　内凹拱形材料应用细节

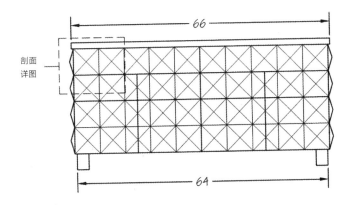

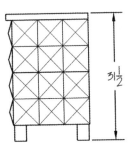

剖面
详图

66

64

31½

自助餐台（设计#3）

不按比例

图6.26d　采用塔尖形细部构建隐藏抽屉与门

实体材料

3/4胶合板框架

图6.26e　塔尖形材料细节图

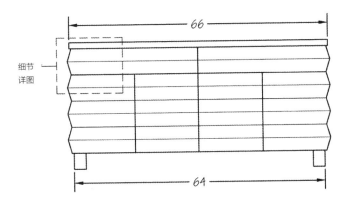

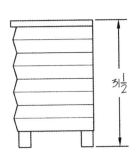

细节
详图

66

64

31½

自助餐台（设计#4）

不按比例

图6.26f　采用角形细部构建隐藏抽屉与门

实体材料

3/4胶合板框架

图6.26g　角形材料应用细节

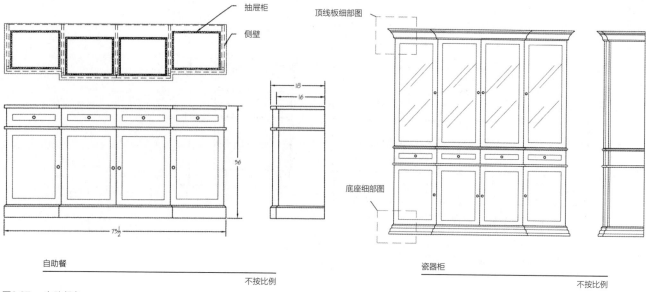

抽屉柜

侧壁

顶线板细部图

底座细部图

自助餐

不按比例

图6.27a 自助餐台

瓷器柜

不按比例

图6.27b 瓷器柜

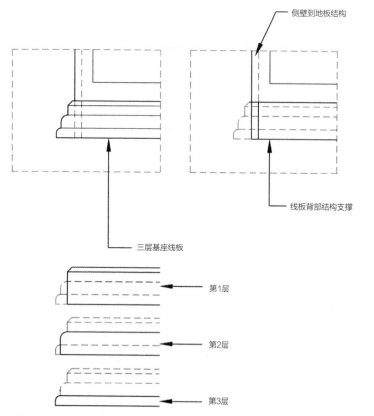

侧壁到地板结构

线板背部结构支撑

三层基座线板

第1层

第2层

第3层

图6.27c 左上图，三层基座线板。右上图，带有正面支撑的至地板侧壁；下图，每层线板四分之三英寸厚

瓷器柜

瓷器柜类似于自助餐台，都置于餐厅用于储藏。主要区别在于瓷器柜也可用于展示。考虑到运输和移动问题，柜子一般由两部分组成。下半部分结构类似于自助餐台，而上半部分是储藏柜（图6.27a和图6.27b）。这两部分有多种方式相连接。一种方式是打孔，使用螺丝从下层顶部拧入上层底部，然而这样一来就在面上留下孔眼，如果下层不与上层一同时用，就会看到孔眼。为避免这一问题，可以选择另一种方式，即在背部用两根木料连接上下两层橱柜。木料应至少选择36英寸长的，以保证可连接两部分。（1英寸=25.4毫米）

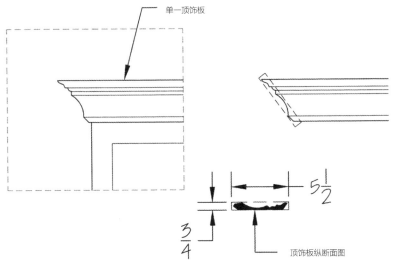

单一顶饰板

$5\frac{1}{2}$

$\frac{3}{4}$

顶饰板纵断面图

图6.28a 顶线板细节图，展示了一块被刨为所需外形材料。原始材料尺寸至少应为3/4英寸 × $5^1/_2$英寸（1英寸=25.4毫米）

瓷器柜有不同类型线板，如底线板和顶线板。家具的线板可由一层层木条堆叠形成，通常3/4英寸厚。图6.27c所示的瓷器柜线板由三层木条构成，共$22^1/4$英寸厚。顶线板装于家具顶部结构外侧。这些线板由模压设备塑形而成，然后按照家具合寸进行切割，再胶粘、钉牢以固定。在某些情况下，可以在顶线板背部加装加固块。另外，线板可以倾斜45°安装以增强立体感（图6.28a~图6.28c）。

图6.28b 安装顶线板造前的橱柜

图6.28c 安装顶线板后的橱柜

平面图

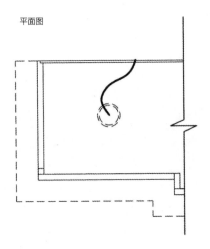

灯具细部剖面图

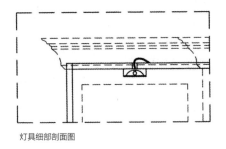

图6.29　上图，安装冰球灯，位于门及前后中间位置。下图，为柜子顶部灯具剖面图

橱柜上层通常安有玻璃门以展示物品，如托盘、餐具、水晶等。瓷器柜还可在顶部内里安装照明系统。灯饰公司有提供专门针对瓷器柜的照明灯具，因为其基本与冰球大小一样，所以被称作冰球灯。这种灯饰安装在瓷器柜内部，采用表面安装或嵌入式安装。通常灯饰位于中央，电线布于家具外侧背后（图6.29）。橱柜很可能有多层搁架，可由至少1/4英寸厚玻璃制成，橱柜越宽，玻璃厚度就越大，或者也可在木质框架中间嵌入玻璃。使用玻璃，能够透光，使灯光充满整个橱柜。在木制框架中嵌入玻璃或其他材料的一个基本原则是，在各边都留出1/16英寸的豁口，以保完全契合（图6.30）。瓷器柜的搁架也可沿后缘设计凹槽，约1/4英寸宽，1/4英寸深，这样可以用于盘子和餐具的垂直展示。（1英寸=25.4毫米）

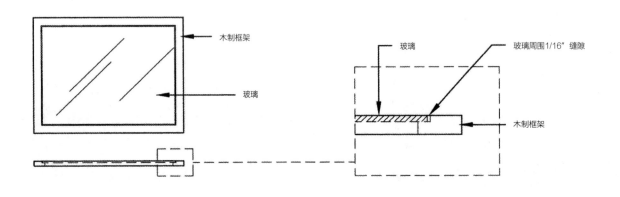

木框架玻璃货架

不按比例

图6.30　木框架玻璃货架设计细节。将玻璃或其他材料镶嵌入木框架的一项基本原则为，材料各边均留有1/16″英寸的缝隙，以确保良好的安装效果

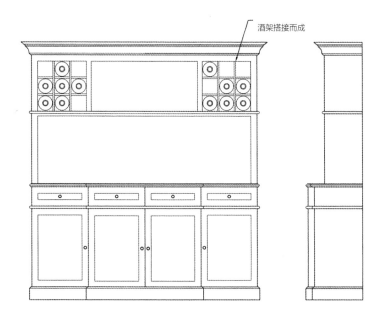

酒架搭接而成

酒架

不按比例

图6.31a 带有中国式橱柜的酒架

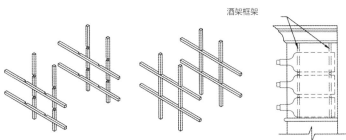

酒架框架

图6.31b 架子细节图，前面两幅为搭接等距视图，第三幅为带酒瓶的酒架侧视图

酒架

　　瓷器柜还可加入酒架。酒架主要用于展示红酒，且易于酒类取放，能够使葡萄酒保持在室温，是红葡萄酒储藏的理想选择。设计时应注意将瓶身横躺，让软木塞与酒液接触保持湿润，以有效起到密封作用（图6.31a和图6.31b）。

碗柜或食品柜

　　碗柜的制作方式与自助餐柜、橱柜一致。通常柜子顶部或底部有一些抽屉，且当两扇柜门打开后内部空间非常大，还带有一对架子。碗柜的特点是带有穿孔的金属门板，门板被中间格挡分为两部分，还带有从内部嵌入的金属板。这些金属板一般都带有如鹰、五角星等美式风格的穿孔图案。金属板通常为锡（银色）、铜（橙色）材质，利用穿孔进行通风（图6.32）。

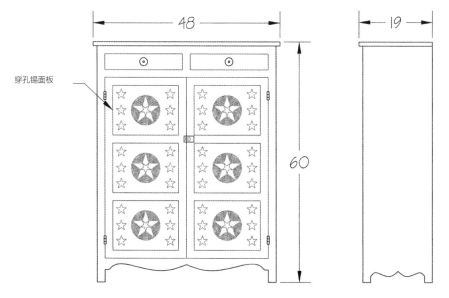

穿孔锡面板

48

19

60

碗柜（宾利法尼亚荷兰人风格）

不按比例

图6.32 宾利法尼亚荷兰人风格的穿孔锡面板碗柜

任务与测验

任务1：设计住宅用折叠餐桌

说明：请创作两种不同类型的餐桌，如常用标准餐桌与搁板桌。

第1部分：使用铅笔或钢笔为每种类型桌子绘制5幅至10幅草图。

第2部分：根据本章介绍的标准伸缩桌或案板式伸缩桌特点，任选一种样式设计一张带伸缩桌（设计可以包括手工雕刻品，不过必须是基于实木桌面的）。

第3部分：为第2部中所设计的桌子绘制剖面与细节图，并按带活页板、不带活页板的状态分开绘制。

第4部分：进行最终颜色渲染。

任务2 设计柱脚桌

说明：请创作一张标准的柱脚桌。

第1部分：使用铅笔或钢笔绘制5幅至10副草图以创建柱脚桌基本构思。

第2部分：设计一款带有薄木板饰桌面的柱脚桌（设计可以包含镶饰品及手工雕刻品）。

第3部分：绘制柱脚制作的剖面与细节图。

第4部分：进行最终颜色渲染。

任务3 设计餐椅

说明：请创作一把餐椅。

第1部分：根据任务1或任务2中餐桌风格样式绘制5副至10副与之相搭配的餐椅草图。

第2部分：绘制扶手椅与边椅的正视图与侧视图。

第3部分：绘制其中一把椅子的剖视图，以展示其结构。

第4部分：给其中一把椅子进行最终的颜色渲染。

测验

请为下列问题选择最佳答案。

1. 下面哪项为餐桌高度尺寸？

A. 30英寸　　　　B. 32英寸　　　　C. 36英寸

2. 餐桌桌面与基座是使用什么进行连接的？

A.胶　　　　　　B. 钉子　　　　　C. 螺栓

3. 下面哪项为餐椅椅座高度？

A. 12英寸　　　　B. 18英寸　　　　C. 24英寸

4. 下面哪项为餐椅椅座深度？

A. 12英寸　　　　B. 16英寸　　　　C. 20英寸

5. 下面哪项为餐椅背角度？

A. 0°　　　　　　B. 10°　　　　　　C. 20°

6. 下面哪项不是用胶粘在门结构中的？

A. 横档　　　　　B. 竖档　　　　　C. 面板

7. 如果门安装在框架内部，应该使用哪种隐藏式铰链？

A. 插入式　　　　B. 覆盖式　　　　C.半覆盖式

8. 下面哪种为低端椅座所用？

A. 嵌入式　　　　B. 网状　　　　　C. 弹簧

9. 下面哪种为高档椅座所用？

A.弹簧　　　　　B. 回形弹簧　　　　C.嵌入式

10. 珠型、双弯曲线型与圆角型是指什么？

A.家居装饰　　　B.门设计　　　　C.五金件设计

Chapter 7

卧室家具设计

　　本章讲解卧室家具的设计方法，并从最重要的家具——床开始论述，且列出了床垫的基本尺寸（从婴儿床到加州大床），然后说明了围绕这些尺寸进行设计的方法。此外还展示了绘制床头板、床尾板、床侧板和纵梁及用料类型图纸和详图的方法，以及与四柱床、典型床头板/床尾板床、平台式床和古典绳床相关的信息。

床头柜的章节对基于床尺寸设计的床头柜设计进行了说明。本节介绍抽屉的基本结构，综述抽屉的细木工制品，并展示材料类型、材料厚度及功能。

然后，本节论述了不同类型的梳妆台及其基本尺寸。本节还说明了梳妆台和斗柜的结构，同时阐述了重复利用相同零件的模块化设计。

大橱柜电视柜和电视架的设计展示了与技术交互作用的功能性电视柜家具的制作方法。本节还展示了大件家具的设计方法，并对五金件（如内置门和一体化灯具）的应用做了说明。

最后，本章描述了根据材料尺寸（如大橱柜胶合板尺寸）确定家具尺寸及在设计中高效利用材料的方法。

床

一张床具有四个可见部分：床头板、床尾板及两个栏杆。其还具有不可见的部分——纵梁系统或床体狭槽，其可以支撑弹簧床垫和/或床垫。

在设计一张床时，一开始便要对床垫尺寸进行设计并围绕床垫尺寸设计相关部分。表7.1列出了床垫的标准尺寸。作为基本准则，栏杆、床头板和床尾板的床垫周围，至少应留出1英寸的空间，从而在床垫上安装铺垫材料。

典型的床具有四个角，这四个角接触地面并支撑床垫重量。其中两个床柱或床腿是床头板的一部分，另外两个床柱或床腿是床尾板的一部分。它们会连接到每边的栏杆上，通常利用榫和榫眼的接头（图7.1a）。床的其余部分需连接到这些家具并需处于悬浮状态，但这些床柱需在结构上支撑铺垫材料的重量。

栏杆要连接床尾板和床头板，并支撑纵梁（图7.1b）。为了避免栏杆变形，其至少应为$1\frac{1}{4}$英寸厚，6英寸宽。其长度取决于床垫。需要以快捷便利的方式将栏杆连接到床尾板和床头板上，以便对床进行拆分，便于安装。专用床栏杆五金件可用于此用途；

表7.1
标准床垫尺寸（1英寸=25.4毫米）

床型	床垫尺寸（宽度）	床垫尺寸（长度）
婴儿床	28英寸	52英寸
双人床（单人床）	39英寸	75英寸
脚轮矮床（与双人床尺寸相同）	39英寸	75英寸
超长双人床	39英寸	80英寸
全尺寸床（双人床）	54英寸	75英寸
大床（皇后床）	60英寸	80英寸
加大双人床（国王床）	76英寸	80英寸
超大双人床（加洲之王）	72英寸	84英寸

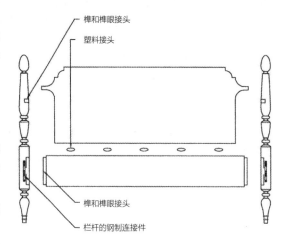

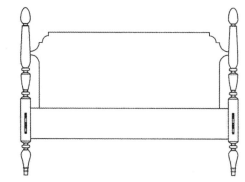

图7.1a　分解和装配的典型床头板结构

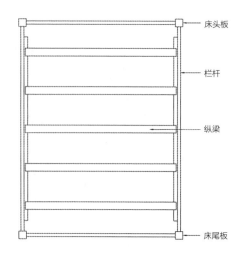

图7.1b　带有加标签零件的典型床平面图

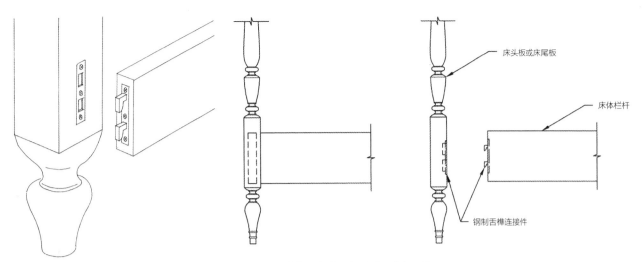

图7.1c 展示栏杆和床头板/床尾板装配的等距视图

图7.1d 展示栏杆和床头板/床尾板装配的立面图

床头板或床尾板

床体栏杆

钢制舌榫连接件

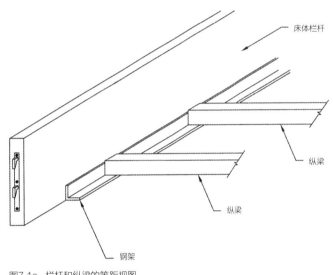

图7.1e 栏杆和纵梁的等距视图

床体栏杆

纵梁

纵梁

钢架

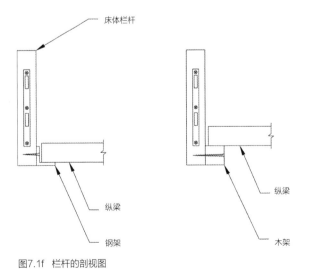

床体栏杆

纵梁

钢架

纵梁

木架

图7.1f 栏杆的剖视图

栏杆应为两段式钢制系统，即榫和榫眼，且需在床柱和栏杆末端用螺丝将其拧紧（图7.1c、图7.1d）。

纵梁或床狭槽可连接两个栏杆并支撑弹簧床垫和床垫。纵梁通常为木质且其尺寸至少为$1\frac{1}{2}$英寸×3英寸；通常可使用四个或五个纵梁，具体使用情况取决于床的尺寸。纵梁搭设在床架或夹板上，而床架或夹板则与栏杆内部相连接。床架材质为木材或钢并且从距离栏杆末端3~4英寸处开始延伸至栏杆另一端（图7.1e~7.1f）。（1英寸=25.4毫米）

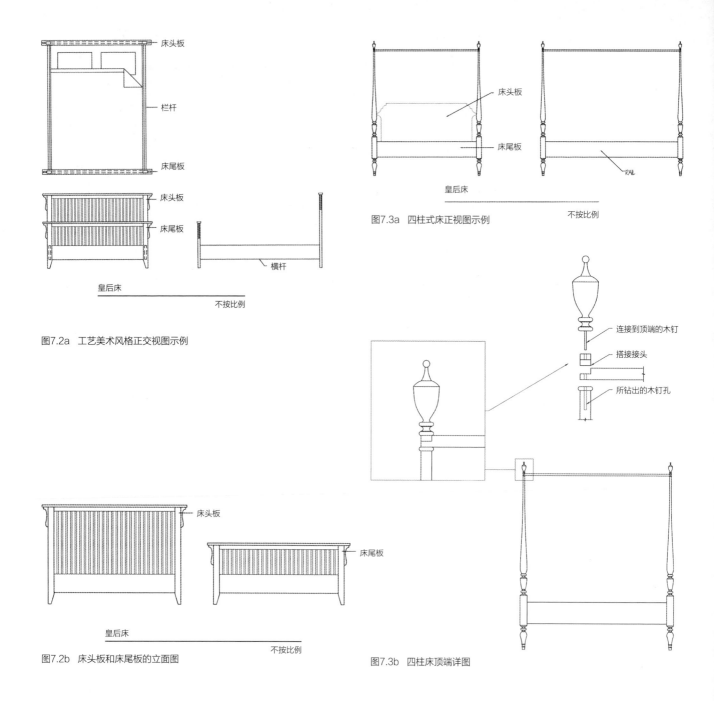

图7.2a　工艺美术风格正交视图示例

图7.2b　床头板和床尾板的立面图

图7.3a　四柱式床正视图示例

图7.3b　四柱床顶端详图

（图中标注）床头板　栏杆　床尾板　床头板　床尾板　横杆　皇后床　不按比例

（图中标注）床头板　床尾板　皇后床　不按比例

（图中标注）床头板　床尾板　皇后床　不按比例

（图中标注）连接到顶端的木钉　搭接接头　所钻出的木钉孔

床头板与床尾板

通常应以相同的方式制作床头板和床尾板，且应对该床头板和床尾板进行设计从而实现优势互补。床头板通常高于床尾板并且配有两条结构性床腿。这些床腿的尺寸至少宽约2英寸，厚1$\frac{1}{2}$英寸；其高度取决于具体设计。如果床腿是回转件，其将可在2英寸×2英寸的最小方形尺寸范围内活动。（1英寸=25.4毫米）至少有一个结构性部件连接这两条床腿。其部件距离地面的高度通常与栏杆高度相同。床尾板的总体高度有时取决于卧室中电视的放置位置。图7.2a和7.2b及图7.3a和7.3b所示为床体设计和结构的某些示例。

若四柱床装有顶棚，则该顶棚以及床体剩余部分需要可以分解，从而便于运输。图7.3b中的设计展示了床角的搭接接头，其顶端会将所有的零件锁紧在一起。

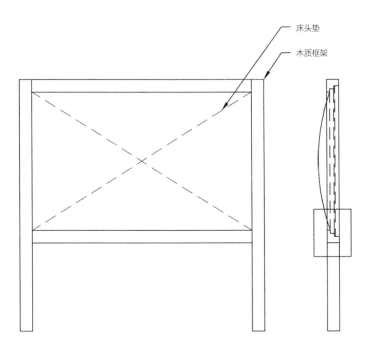

床头垫
木质框架

床头板

图7.4a 软包床头板剖视详图

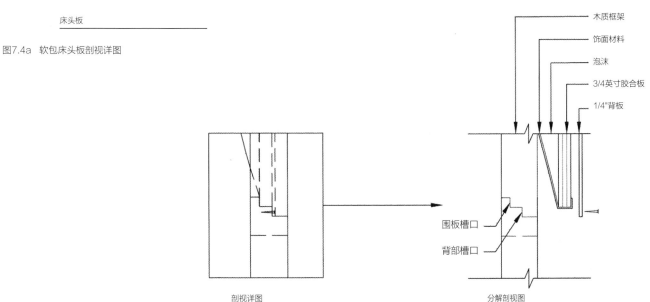

木质框架
饰面材料
泡沫
3/4英寸胶合板
1/4"背板

围板槽口
背部槽口

剖视详图   分解剖视图

图7.4b 软包床头板分解剖视详图

软包床头板

如果是软包床头板，必须对其进行设计，从而可从框架上移除软垫部分，以对床头板框架进行着色和终饰，而后从后方安装软垫。完成这项工作的一种方法是使用3/4英寸的胶合板，将其作为背衬板，然后使用厚度合适、顶层带有棉絮材料的泡沫。之后会使用织物和皮革材料缠绕泡沫包覆的胶合板

并用肘钉钉在胶合板的背面。为使床头板足够坚固且外观整洁，需将软垫板安装在槽舌接合处，沿着背部延伸并利用1/4英寸的胶合板从后方进行终饰。之后，可用螺丝将该1/4英寸板材拧紧至床头板上，而非使用胶水粘合，以便拆下软垫进行修理、更换或清洁（图7.4a、图7.4b）。（1英寸=25.4毫米）

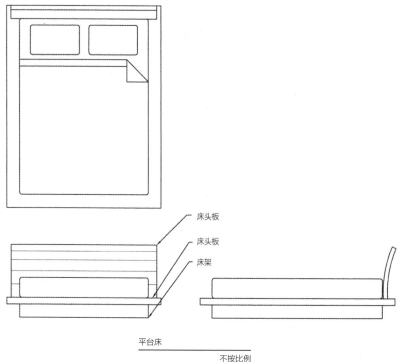

床头板
床头板
床架

平台床

不按比例

图7.5 平台床示例

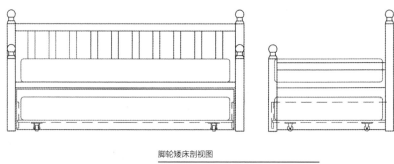

脚轮矮床剖视图

不按比例

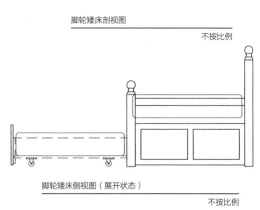

脚轮矮床侧视图（展开状态）

不按比例

图7.6 脚轮矮床示例所示为其正视图和侧视图。第三幅图所示为拉出的底部床垫。

平台床

平台床与标准床的结构不同，放有床垫的平台结构替代了四条床腿、床头板及床尾板。该结构由床架和平台这两个基础部分组成。选择平台床时可采用弹簧床垫，但大多数的当代设计未采用弹簧床垫，因此这种床的总体高度相对较低。某些公司制作的平台具有内置木质弓形框架，床垫可放置在该框架上，从而产生与弹簧床垫相同的效果（图7.5、图7.5b）。

沙发床

沙发床使用双人（单人）床垫（39英寸×75英寸），且经过设计，可在夜晚用作床铺，在白天用作沙发。沙发床通常置于客房或小型空间。经过设计，可靠墙放置长度为（75英寸）的沙发床。（1英寸=25.4毫米）沙发床背部及侧面具有床垫，可作为背部靠垫。

脚轮矮床

从根本上来说，脚轮矮床是一种下方装有隐形床体的沙发床（图7.6）。脚轮矮床使用尺寸与沙发床相同床垫，即双人床垫（单人床垫），尺寸为39英寸×75英寸。这样的尺寸可以使脚轮矮床用于小型房间，但该尺寸还可以扩大，从而容纳两个人。对于

儿童房和客房而言，脚轮矮床是上佳之选。另外，由于其使用床用床垫，比拉出式可睡沙发更加舒适。脚轮矮床可以定制，或者可以使用专用五金件，从而将沙发床改装成脚轮矮床，这取决于在沙发床和脚轮床垫的高度限制下，可利用的实体周围的空间大小。

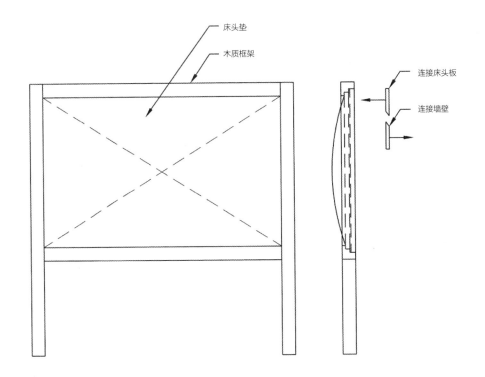

床头垫
木质框架
连接床头板
连接墙壁

床头板（固定在墙壁上）

不按比例

图7.7a 带有夹板的床头板正视图和侧视图

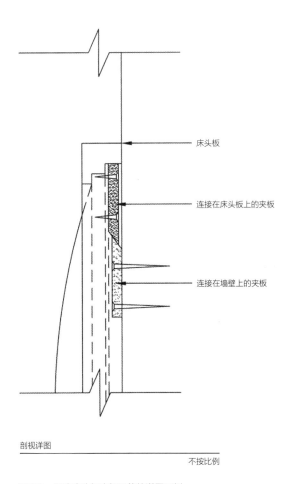

床头板
连接在床头板上的夹板
连接在墙壁上的夹板

剖视详图

不按比例

图7.7b 酒店床头板夹板系统的详图示例

商用床头板

    在酒店客房，床头板会安装在墙壁上而不是床体框架上，并用夹板系统固定。用螺丝将其中一块夹板拧紧在床头板背部，而将另一块夹板拧紧在墙壁上。夹板由冲压金属和木头制成，且长度几乎与床头板长度相同。图7.7.a和图7.7b的所示为木质夹板，其厚度为3/4英寸厚，并沿着一边呈30°~45°进行切割。（1英寸=25.4毫米）这种有角度的切割承受床头板的重量，从而确保其可以安置在墙壁上。用于支撑床头板的另一类型五金件是Z形夹片，其可将夹片零件安装到床头板的背部（每端安装一个）并将夹片的另半部分安装到墙壁上。安装到墙壁上的夹片距与到床头板夹片的距离需相同，之后应连接床头板与墙壁上的夹片。

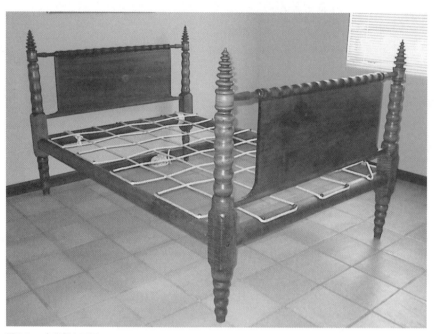

图7.8a 古典绳床示例

古董床

　　现在人们依然可以在古董店里找到一些古色古香的床，其通常可以追溯到18世纪~20世纪。许多古董床，如绳床，也是以中型床而闻名。古董床的框架比现今生产的典型床铺小，因此需要使用定制床垫和定制板材。设计时可以利用绳索结构支撑绳床的床垫，该结构会系在销钉周围或穿过床头板、床尾板及栏杆上的孔洞（图7.8a、图7.8b）。必须时常加固这些绳索防止床垫下沉，以便人们可整晚安睡。

图7.8b 古典绳床详图

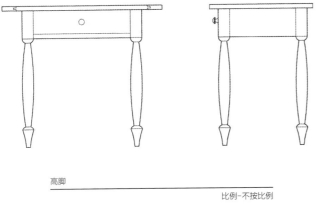

高脚

比例-不按比例

图7.9 床头柜示例

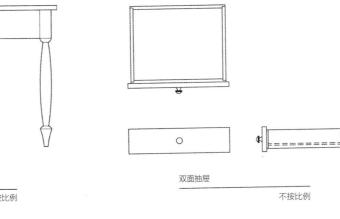

双面抽屉

不按比例

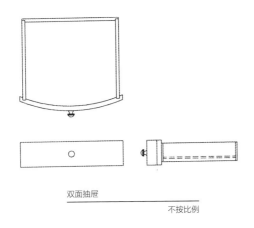

双面抽屉

不按比例

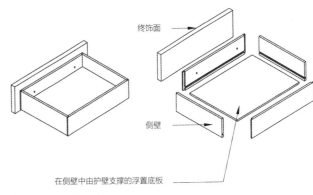

终饰面

侧壁

在侧壁中由护壁支撑的浮置底板

图7.10 双面抽屉结构示例

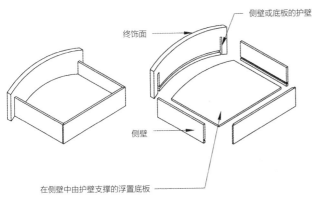

侧壁或底板的护壁

终饰面

侧壁

在侧壁中由护壁支撑的浮置底板

图7.11 单面抽屉结构示例

床头柜

床头柜的功能一般有两个，储存功能、摆放功能，或者这两种功能兼具。无论设计内容为何，所有床头柜都具有一个共同点：在床体附近形成台面区域（图7.9）。因此，床体的尺寸和风格通常会影响床头柜的设计。床头柜的顶层高度取决于床垫距地面的顶层高度。例如，距地面高度低于标准床的平台床通常配有一个较低的床头柜。

可为床头柜设计抽屉，且可以多种方式制作抽屉。一种方式是将一个抽屉盒制作成整体四面结构然后对该结构进行终饰，从而使内部抽屉盒盒壁均与底板相连成一个完整的装置（图7.10）。侧壁通常由1/2英寸厚的材料制成，其带有1/4英寸厚的底板，通常需要用鸠尾榫或槽口进行接合。将底部（抽屉的底板）沿着侧壁安置在榫槽上。（1英寸=25.4毫米）

另一种结构风格利用带有一个抽屉正面的三个侧面（图7.11）。除抽屉正前面以外，该抽屉盒的结构都与第一种方法相同。这几个面和底板会安装在抽屉正面背部的榫槽中。如果抽屉的正面弯曲，该方法为上佳之选。

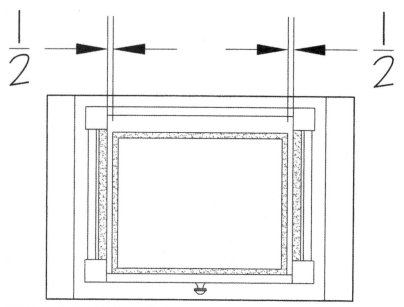

图7.12 侧装抽屉滑轨的抽屉间隙容差示例；阴影区域是床头柜的内壁和抽屉盒的盒壁。

图7.13a 典型橱柜式抽屉滑轨。

图7.13b 典型滚珠轴承完全延伸型抽屉滑轨。

　　内置抽屉盒的抽屉正面突出部分可以有所不同，具体情况取决于所采用抽屉滑轨的类型。每面侧装金属滑轨的典型突出部分通常为1/2英寸长（图7.12）。这可以使金属滑轨连接在抽屉的侧面及床头柜或梳妆台的内壁上，从而使抽屉更易于移动。

　　可以两种不同的风格使用典型的侧装抽屉滑轨五金件。一种是标准的橱柜风格，抽屉可以在塑料滚轮上滑动（图7.13a）。该类型用于低端家具，如RTA（待组装）家具。另一种风格是完全延伸性滑轨，滑轨会在钢制滚珠轴承上滚动，从而使抽屉抽拉更加顺畅且可使抽屉完全伸出橱柜（图7.13b）。对于滑轨较短的抽屉而言，两种风格的抽屉都 会在10英寸长的位置开始滑动，且按照抽屉尺寸以2英寸为单位逐次延

长滑轨长度，最长达24英寸，具体尺寸由制造商确定。因此，在设计抽屉时，抽屉的高度需比金属滑轨长1到2英寸。

　　在设计任何一件家具的抽屉时，抽屉盒不应完全延伸至橱柜内部的背部。抽屉的背部到橱柜的内部之间应留有约2英寸的间隙，从而避免抽屉盒内部撞击到橱柜背面。（1英寸=25.4毫米）

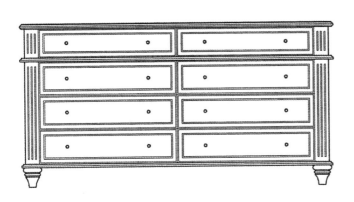

梳妆台

不按比例

斗柜

不按比例

图7.14a 梳妆台及斗柜示例

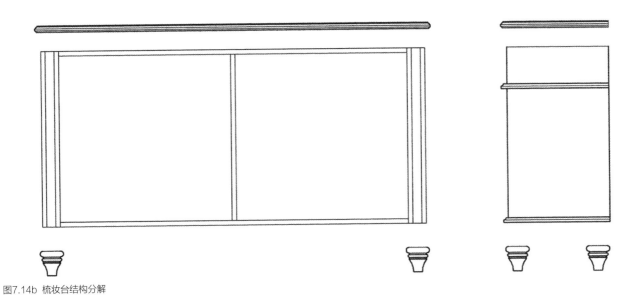

图7.14b 梳妆台结构分解

梳妆台和斗柜

　　卧室家具组通常由以下几件家具组成：床、两个床头柜、电视柜或电视架，及一个梳妆台/或斗橱。梳妆台和斗柜的不同之处在于抽屉的结构。梳妆台更低更宽，并装有两个堆叠的抽屉，且这两抽屉紧邻；斗柜是较高的家具，其抽屉垂直堆叠（图7.14a）。标准的梳妆台和斗柜的制作方式相同（图7.14b~图7.14f）。

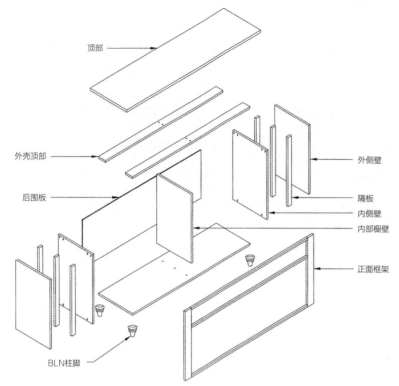

顶部

外壳顶部

后围板

外侧壁

隔板

内侧壁

内部橱壁

正面框架

BLN柱脚

图7.14c 双壁式梳妆台分解等距视图

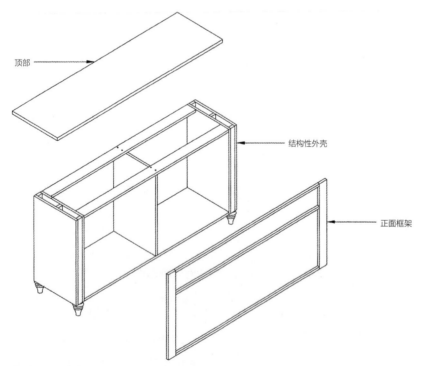

顶部

结构性外壳

正面框架

图7.14d 正面框架和顶部构造外壳的等距视图

图7.14e 无抽屉成品外壳等距视图

图7.14f 完整梳妆台等距视图

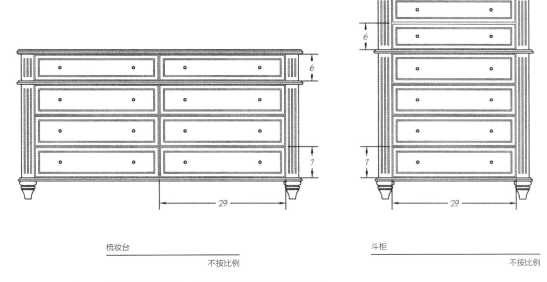

梳妆台

不按比例

斗柜

不按比例

图7.15a 利用抽屉设计进行的模块化生产；每个梳妆台使用尺寸相同的抽屉

在生产家具时，制造商都会使用相同的抽屉尺寸为梳妆台和斗柜生产抽屉，从而降低成本。制造商也通常在不同设计风格中使用标准尺寸（图7.15a）。

高脚橱

高脚橱采用叠柜设计，高度通常在7英尺以上。经过设计，底层橱柜与带有抽屉的长腿矮脚橱相似。上层柜橱通常装配堆叠到顶部的抽屉。有时使用椅子或工具，方可接触到顶部的抽屉。因此在典型卧室家具组内并没有高脚橱，但可以用梳妆台或较矮的斗柜替代（图7.15b）。（1英寸=25.4毫米，1英尺=12英寸）

高脚橱

图7.15b 高脚橱正面和侧面立面图

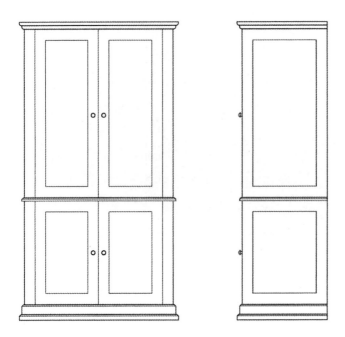

大橱柜

图7.16a 基本双壁式大橱柜

大橱柜

　　大橱柜最开始是被用来储放衣物。历史上，它曾作为家用衣柜，因为那时民居未配有壁橱。随着壁橱成为卧室的一部分，大橱柜逐渐被淘汰。但是，发明电视机后，大橱柜再次为人们所需，只是其功能从储存衣物转变为摆放电视机。随着电视机越来越大，人们需要使用的橱柜也越来越大。但是，对大橱柜的需求未来很可能再次消失，因为电视变得越来越扁平和轻薄。如今电视机可以如画一样悬挂在墙壁上或隐藏在升降系统中（本章后文内容会对相关内容进行论述）。

　　因为大橱柜是一种较大的物件且需要支撑较大重量，所以其工程构造不同于其他卧室家具。制作双壁可以使其承受更大重量，如图7.14b至图7.14f梳妆台的设计内容所示。双壁可为家具的外部结构提供双重厚度，从而增强家具垂直和水平方向的整体强度（图7.16a、图7.16b，7.17a~图17d及7.18）。其外壁需要连接底板或顶板。根据该设计，位于中心位置的物架也可以连接墙壁，从而提供额外强度。

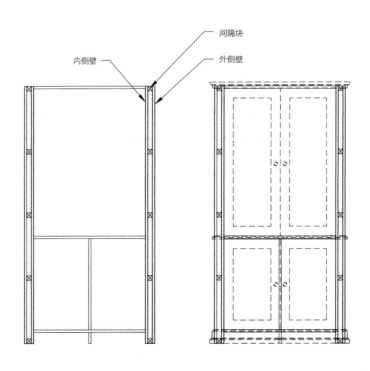

大橱柜——框架结构详图

图7.14b 基本双壁式结构。内壁是厚度为3/4英寸的胶合板；外壁是厚度为3/4英寸的胶合板，与墙壁之间存在 $1\frac{1}{2}$ 英寸的间隔。还要在中心位置安置一个3/4英寸的胶合板垂直板片用以支撑电视机重量（1英寸=25.4毫米）

图7.17a 双壁式大橱柜的胶合板外壳

图7.17b 正面框架的外壳

图7.17c 添设了电视架的基础和顶部模型

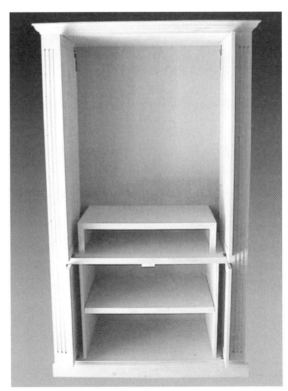

图7.17d 内置门开启时的内部情况及底部置物架

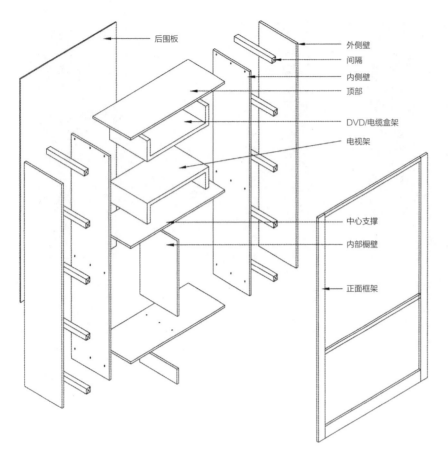

后围板

外侧壁
间隔
内侧壁
顶部

DVD/电缆盒架

电视架

中心支撑

内部橱壁

正面框架

图7.18　添设了电视架的基础和顶部模型

大橱柜的内部结构由单板芯胶合板构成，且深度通常为24英寸。在有效使用胶合板材料的情况下，该空间足够摆放一台标准电视机。胶合板的标准尺寸为48英寸×96英寸；因此，如果平均切割成两部分，一张胶合板可以制成两个内壁。（1英寸=25.4毫米）

另一个添加的细节是，大橱柜可以装配内置门。内置门的开启方法与常规门相似，且开启之后可以滑回大橱柜中，从而露出电视机，便于人们观看。但是，这些内置门具有某些限制条件。第一，该设计通常需要使用嵌入式柜门，因为内置门五金件主要是安装在抽屉滑轨上的隐蔽式内插铰链，使用缆索系统或木制连接件连接顶部和底部，这可以使柜门顺利滑入大橱柜（图7.19a、图7.19b及7.20a、图7.20b）。

图7.19a　使用隐蔽式内插铰链打开柜门

图7.19b　使用隐蔽式内插铰链使柜门滑入大橱柜

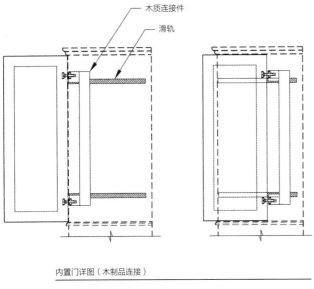

内置门详图（木制品连接）

图7.20a　内置门开启，木质连接件可将柜门滑轨连接成完整装置

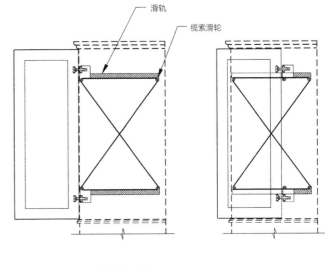

内置门详图（缆索系统）

图7.20b　内置门滑入大橱柜中。缆索系统会在滑轮系统上运行，该滑轮系统可以平均分配柜门的重量

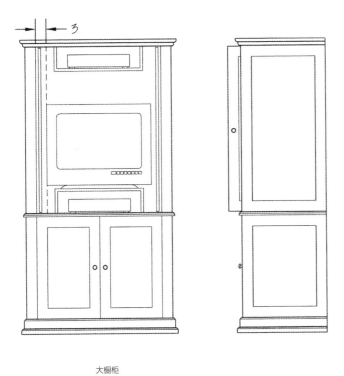

大橱柜

图7.21　在内壁到电视机一侧留出3英寸空间以便为内置门和内置门五金件留出足够空间

因为内置门在大橱柜内部占据空间，所以电视机无法完全放置在内部空间中。根据通用规则，设计者应在电视机一侧和大橱柜的内壁之间预留出3英寸的间隔（图7.21），以便为内置门五金件和柜门厚度留出足够的空间。

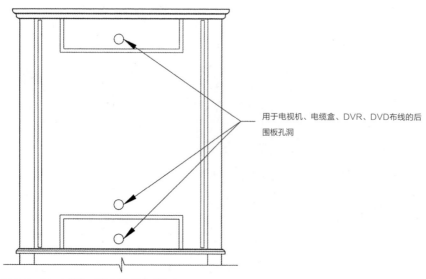

用于电视机、电缆盒、DVR、DVD布线的后围板孔洞

图7.22　用于布线的后围板孔洞的典型布局

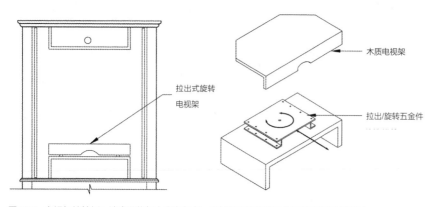

木质电视架

拉出式旋转
电视架

拉出/旋转五金件

图7.23　电视机抽拉板；注意置物架上嵌有角点，以免在翻转置物架的时候门内出现损坏

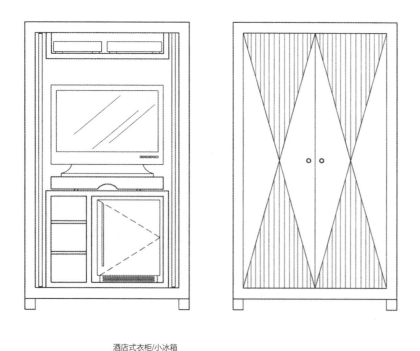

酒店式衣柜/小冰箱

图7.24　下方留有小冰箱空间和调节置物架的酒店式大橱柜

将内置门安装在大橱柜内，不会对电视机造成干扰。

在设计大橱柜时需要考虑的其他问题有电缆盒、DVD影碟机、DVR及其他电子设备的摆放空间。这些物品可以放置在大橱柜内部的置物架上，但是因为内置门会滑动到内部空间，所以这些置物架需要安装在大橱柜顶棚或大橱柜的中心置物架上。另外，需要在这些物件的后壁钻孔，以连接电线。通常直径为2英寸的孔洞便可使所有插头和电缆得到安装（图7.22）。后围板厚度通常为1/4英寸；应在电视后方的后壁切割出狭槽，从而保证所有电气设备可以合理散热。

对于酒店大置物架，需要将其他某些装置配置到设计中。第一是拉出式旋转电视架，该装置在民居大橱柜中也得到了广泛应用。该装置使人们可以从大橱柜中拉出电视机并可以在各个方向旋转大约30°（图7.23）。此装置的五金件主要是安装在旋转架上的滑轨。人们需要使用螺丝将该五金件拧紧并用螺栓紧固在支撑电视机的大橱柜中心置物架上，并使用螺丝将木质置物架拧紧到旋转架的顶部，而电视机便可以放置在该置物架上。

酒店大橱柜包含的另一物件是小冰箱（图7.24）。要放置小冰箱，最主要的一点是保证其距大橱柜背部一定空间以保证合理通风，避免过热。可以在大橱柜背部切割出通风缝隙，但是不应将大橱柜与墙壁齐平安装。墙壁与大橱柜之间需要留出1到2英寸的间隔用于通风。小冰箱制造商会规定需要预留出的空间大小。需要注意的其他事项是确保大橱柜的柜门不会干扰小冰箱的冰箱门。（1英寸=25.4毫米）

大橱柜

图7.25 两件式高脚大橱柜，中央模板将该大橱柜分成两个部分

顶部帽式大橱柜

图7.26 顶部帽式大橱柜，可以利用弯板制作曲面柜顶并利用胶合板完成该曲面柜顶的制造

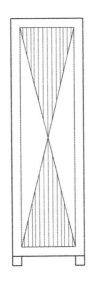

大橱柜（紫心木与枫木单板）

图7.27 一种现代风格的大橱柜，该设计展示了内置隐形抽屉系统的整门大橱柜

大橱柜还有高脚大橱柜、顶部帽式大橱柜及整门大橱柜。图7.25所示的高脚大橱柜是一种装配有较长柜腿且通常两件堆叠（一件堆叠在另一件的顶部）的大橱柜。顶部帽式大橱柜是一种装配有曲面柜顶的大橱柜（图7.26）。可将整门大橱柜设计成衣橱或电视柜。如果需摆放电视机，必须对其内部结构进行设计，从而保证其可支撑住电视机，柜门可以滑动到大橱柜的内部（图7.27）。需要对所有内置抽屉进行设计，从而为关闭柜门预留出足够的空间；因此，设计大橱柜的深度时需要考虑到柜门厚度和把手尺寸。

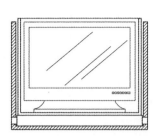
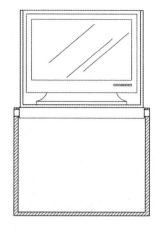

标准电视架（内箱与升降装置）

图7.28a 标准电视机的基本电视架和内箱

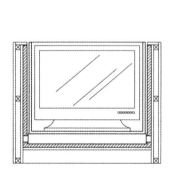
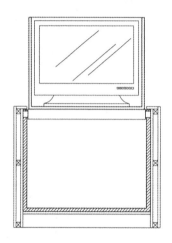

电视架的橱柜结构

图7.28b 橱柜结构；注意由于内部包含的所有物体都存在重量，建议将外部橱柜设计成双壁式橱柜

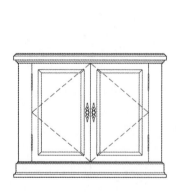

标准电视架

图7.28c 完整的电视架，也称电视托举装置

电视架

　　电视架也称电视托举装置，是一种新型家具。其功能与大橱柜隐藏电视机的功能相似但却以完全不同的方式发挥其功能。该家具是带有升降机械装置的简易箱柜，可以升高、降低，有时可以旋转电视机。其可以升降电视机，以便观者获得更好视角并可使电视机缩回到该家具中，从而隐藏起来。在平板电视出现之前，此件家具未能得到广泛应用，而平板电视的尺寸可以让电视架合并到另一件家具中，如梳妆台。使用者可根据电视机的具体尺寸来选择电视架，制造电视架的公司提出了一些规范对其产品可以升降的尺寸和重量进行了说明。他们也为标准电视机和等离子屏幕电视机制造了不同型号的电视架。

标准电视架

　　标准电机架带有可以容纳电视的机箱外置橱柜，可以通过远程控制进行升降。选定电视机和电视架后，便需围绕升降机械装置制作外置橱柜。设计时需要考虑到安全门。如果靠墙安置该家具，安全门需位于该家具的正面。如果该机械装置受到干扰或者需要使用保险丝，则这些安全门需要用于维修该机械。内置机箱支撑电视机，其包括一个基底（底板）、两块侧板和一块背板，这些板材通常由3/4英寸的胶合板制成。1英寸=25.4毫米顶部是浮顶，不用被粘在内部机箱中。使用木钉将其固定在合适的位置，可对用户加以保护，避免系统关闭时夹到用户手指。另外，需使用架子销将所有置物架固定在合适的位置而非用胶水将其粘固在内部机箱中（图7.28a~7.28c）。

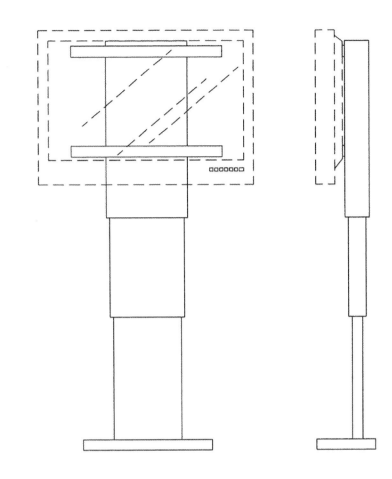

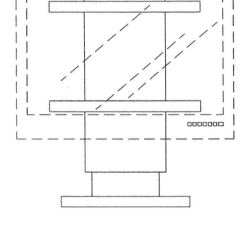

顶部帽式大橱柜

图7.29a 平板电视架，注意从电视架背部安装该电视机

平板电视架

　　等离子屏幕或LCD平板电视架可以用与标准电视架相同的方式升降电视机，或可采用不同的设计，从电视架背部安装电视机，该设计主要以与其安装在墙壁上时所使用的相同方式悬挂电视机。本设计优势在于平板电视不会占用太大的空间，所以可以将其合并到梳妆台的设计中。典型梳妆台为18英寸深，为电视托举装置梳妆台通常为24英寸深，装有深度较浅的抽屉，可以为电视及电视架创造可用空间，还可减少该空间中家具的总数量。（1英寸=25.4毫米）

　　升降机械装置会安装在固体表面。其通常安装在橱柜的底板上并且装配可以升降电视机的伸缩管。其他机械装置会安装在该橱柜的背部，所以该设计需要使用3/4英寸的材料安装电视架，而非在背部使用1/4英寸的材料。电视架的顶部可以悬挂在梳妆台的背部，且在利用安装梳妆台顶部的安装支架升降或者拖出电视机时，可以进行反转（图7.29a~图7.29c）。

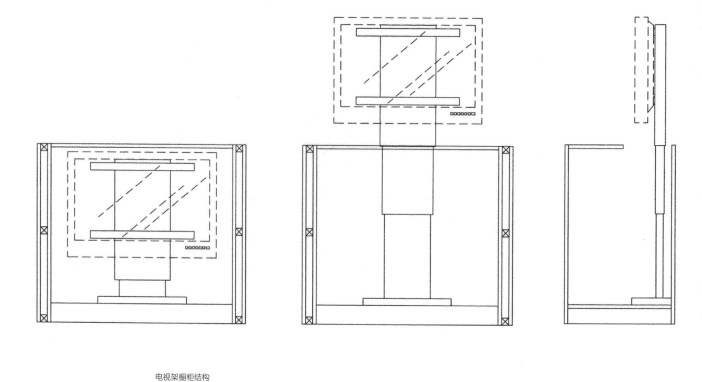

电视架橱柜结构

图7.29b　梳妆台型等离子屏幕电视托举装置的橱柜结构

等离子电视架（带有四个抽屉的梳妆台）

图7.29c　梳妆台平板电视托举装置；注意其比典型梳妆台要深

任务与测验（1英寸=25.4毫米）

任务1 模块化设计：卧室家具组合

说明：制作两组不同的卧室家具（其中一组设计必须为古典式）。每组使用相同的基础模块零件。如本章内容所示，这些家具必须重复使用相同的部件（如外壳、抽屉、柜门）。

第1部分：写一段简短说明，阐述设计风格、项目预期用时及图片。

第2部分：在两种不同设计理念中，以下列所有物件的3/4英寸或1英寸比例，利用AutoCAD软件制作或手绘正交投影图。

　　A.一张床　　　　B.一个床头柜

　　C.一个梳妆台　D.一个斗柜

第3部分：重新印刷正交投影图并从各个视角展示材料表面、高亮和阴影部分。

任务2 设计电视架

说明：制作任意风格的电视托举装置并展示所有详图，提供机动化电视架的规格表。注意图纸要基于电视机尺寸。

第1部分：使用铅笔或钢笔绘制5份到10份草图，用以阐述基本设计想法。

第2部分：降下电视架，在正交投影图中展示电视机托举装置；标注图注及尺寸（图7.30a）。

第3部分：提升电视架，在正交投影图中展示电视机托举装置；标注图注及尺寸（图7.30b）。

第4部分：绘制立面效果图。

任务3

请选出以下问题的最佳答案。

1. 滑动床垫的尺寸为多少？

A.39英寸×75英寸　B.39英寸×80英寸

C.54英寸×75英寸

2. 大床（king）床垫的尺寸为多少？

A.70英寸×80英寸　B.76英寸×80英寸

C.76英寸×84英寸

3. 床体栏杆最小厚度为多少？

A.1英寸　　　B.$1\frac{1}{4}$英寸　　　C.$1\frac{1}{2}$英寸

4. 夹板对床头柜的作用是什么？

A.将其连接到墙壁上

B.将其连接到栏杆上

C.将其连接到床头柜上

5. 脚轮矮床会装配有以下哪种部件？

A.用作床架的平台

B.位于顶部床垫下方的拉出式床体

C.安装弹簧床垫的绳索

6. 以下哪种部件是抽屉结构常用的接头？

A.舌榫　　　B.榫和榫眼　　　C.鸠尾榫接头

7. 侧装抽屉滑轨需要留出多大间隙？

A.各个侧面$\frac{1}{2}$英寸

B.各个侧面$\frac{3}{4}$英寸

C.各个侧面1英寸

8. 滑动到大橱柜中的内置门需要的空间尺寸为多少？

A.1英寸　　　B.3英寸　　　C.5英寸

9. 内置门的样式是什么？

A.叠加门　　　　　　　　B.嵌入式门

C.半重叠门

10. 如果经过设计，电视架安装在床尾板前方，则检修门应处于什么位置？

A.前面　　　B.侧面　　　C.背面

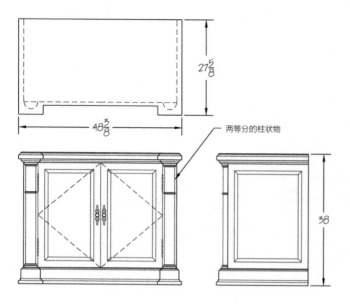

图7.30a　降下电视架，在正交投影图中显示电视托举装置的示例，包括图注和尺寸。

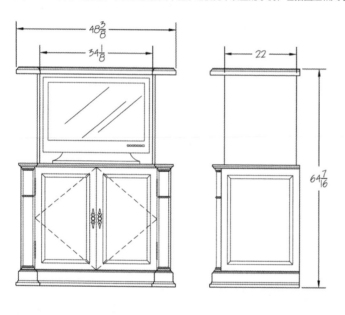

图7.30b　提升电视架，在正交投影图中显示电视托举装置的示例，包括图注和尺寸

Chapter **8**

客厅家具设计

　　本章详细介绍了客厅或大客厅（家庭房和客厅连通）内的不同家具，包括咖啡桌、茶几、沙发桌、电视柜和装软垫物件。本章列出了不同类型家具的基本尺寸，并说明了这些家具尺寸与其他尺寸的联系，还探讨了不同的材料及根据家具的预期功能变换材料的方法。

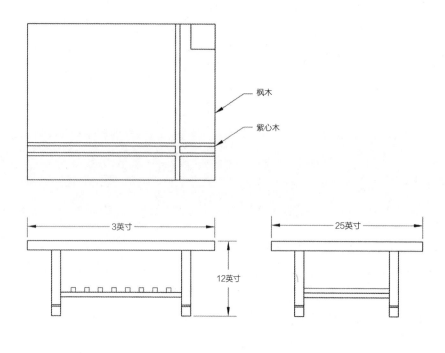

枫木

紫心木

3英寸

25英寸

12英寸

咖啡桌

图8.1a 直线条式咖啡桌正交视图

图8.1b 带镶嵌物的枫木和紫心木制咖啡桌实体

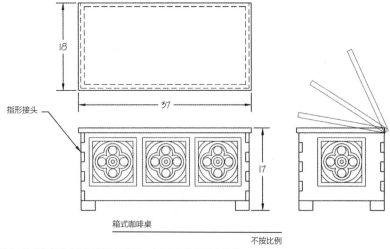

指形接头

18

37

17

箱式咖啡桌

不按比例

图8.2 为增加储物空间而设计的箱子，桌角采用指形接头连接

咖啡桌

咖啡桌通常摆放在沙发或双人沙发前面；因此，其尺寸要与沙发的座椅高度相衬。根据咖啡桌的功能，其基本尺寸为长36英寸、宽16英寸、高12英寸~18英寸。这些尺寸会因家具的设计、沙发的尺寸及房间的面积而变化。（1英寸=25.4毫米）

咖啡桌通常用于摆放书籍和杂志，以及在看电视或与客人闲谈时放置饮品；因此，桌子上可以摆放一套杯垫来保护桌面（图8.1a）。为了增加储物空间，可以在桌面下方加一个抽屉或将其制作成箱式咖啡桌。箱式设计的缺点是只有将桌面上所有的物品移开才能打开箱子，如图8.2所示。

由于咖啡桌是坐席的中心摆饰，因此它直接关系着室内风格，如图8.3所示为装饰艺术风格咖啡桌，图8.4所示为路易十六风格咖啡桌的正交视图。正交视图能够提供更多细节，如表现出材质，桌子的木质框架和石制嵌入式桌面。测量石制或玻璃制嵌入物的木质底座尺寸时，应注意桌面材料各侧面应小于1/16英寸，以保证恰好适合。

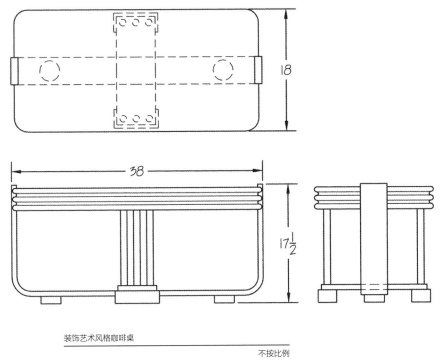

装饰艺术风格咖啡桌

不按比例

图8.3　装饰艺术风格咖啡桌，桌子下部采用开放式负空间设计

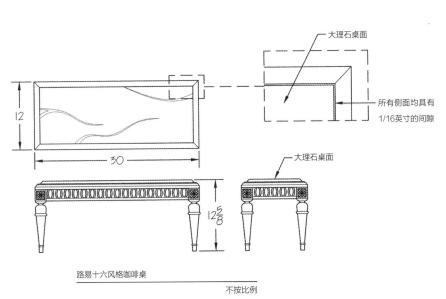

大理石桌面

所有侧面均具有
1/16英寸的间隙

大理石桌面

路易十六风格咖啡桌

不按比例

图8.4　路易十六风格咖啡桌，采用了大理石桌面

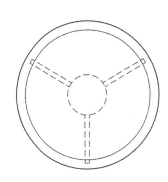

立柱式边桌

不按比例

图8.5　没有储物空间的立柱式边桌

茶几

　　茶几和小边桌摆放在沙发的两端。此类家具的尺寸一般是24英寸×24英寸×24英寸，但也会因茶几的设计和沙发的尺寸和比例而变化。（1英寸=25.4毫米）此类家具的主要功能是在沙发的旁边形成台面。此类家具可以具有多种功能，如摆放书籍、杂志和遥控器，或者用作摆放灯具的台面（图8.5）。

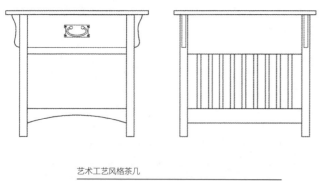

艺术工艺风格茶几

不按比例

图8.6 带抽屉和下置固定搁板的工艺美术风格茶几

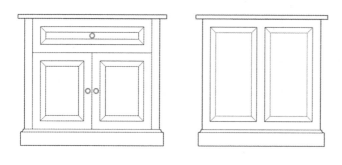

传统风格茶几

不按比例

图8.7 下部带抽屉和柜门的传统风格茶几

茶几的柜门和抽屉结构与其他家具相同，如与第7章中所述的床头柜在许多方面相像。二者的主要的差别在于空间，茶几的布局在各个侧面均一目了然，而床头柜紧靠墙壁和床。

开始设计此类家具时要先确定功能和风格。是否仅需要将其作为摆放灯具的台面？是否需要具有储物空间，如果需要，抽屉、柜门应为何种类型？室内的整体风格如何？解决了这些问题后，就可以开始绘制缩略草图。图8.6、图8.7、图8.8a和图8.8b所示为不同的茶几设计示例。

$22\frac{1}{2}$

组合式茶几

不按比例

图8.8a 三个抽屉的组合式茶几的AutoCAD图

图8.8b 组合式茶几实体

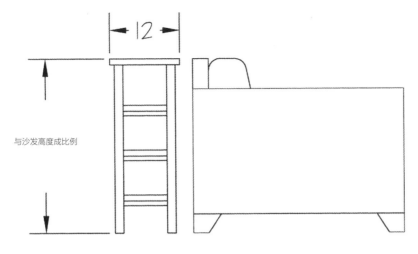

与沙发高度成比例

侧视图

不按比例

图8.9 沙发桌的基本高度和深度尺寸

沙发桌

　　沙发桌摆放在沙发旁，可供用户摆放物品。沙发桌上可以设置抽屉、柜门或搁板，以提供额外的摆放空间和储存空间。设计应根据沙发的尺寸设计沙发桌，桌子的顶部一般与沙发的顶部持平或略低。此类家具一般较窄，尺寸为12尺寸~18英寸，以免影响人们活动。1英寸=25.4毫米可根据沙发尺寸确定沙发桌总长度；桌子至少应比沙发短12英寸（图8.9~图8.11）。

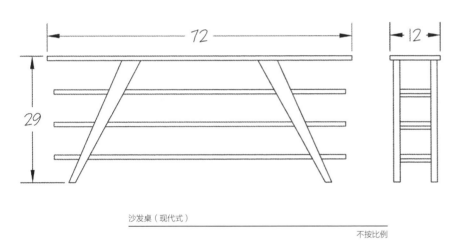

沙发桌（现代式）

不按比例

图8.10 带固定搁板的现代沙发桌

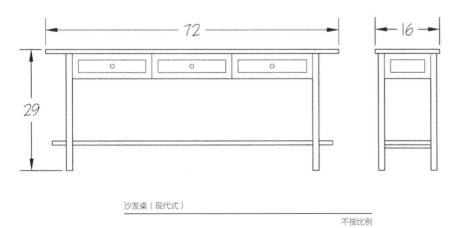

沙发桌（现代式）

不按比例

图8.11 带抽屉和下置固定搁板的现代沙发桌

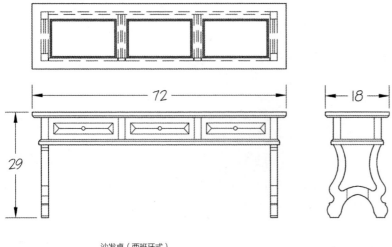

沙发桌（西班牙式）

不按比例

72

18

29

图8.12a 带三个抽屉的西班牙式沙发桌

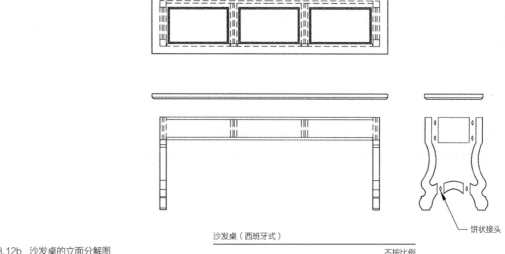

沙发桌（西班牙式）

不按比例

饼状接头

图8.12b 沙发桌的立面分解图

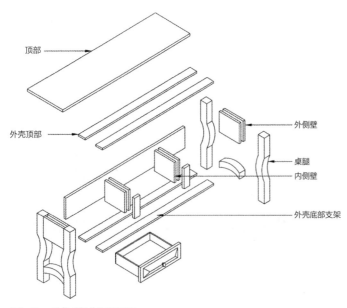

顶部

外壳顶部

外侧壁

桌腿

内侧壁

外壳底部支架

此类家具的设计和预期功能决定了其结构。图8.12a至图8.12c所示为带三个抽屉的西班牙式设计风格的沙发桌。抽屉安装于其隔间内，且抽屉滑轨类型因间隙公差不同而不同，图8.12c所示为组成此类家具的所有部件分解图。

图8.12c 沙发桌的等距分解图

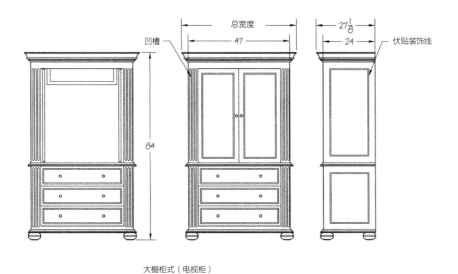

图8.13 立式结构的橱柜电视柜。注意，伏贴装饰线已经加装在面框的各个侧面上和凹槽中

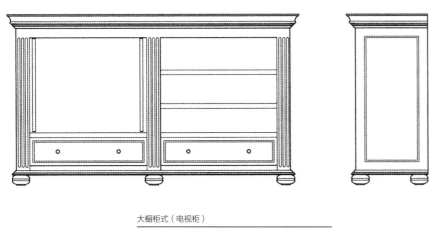

大橱柜式（电视柜）

图8.14 水平结构的橱柜电视柜

电视柜

电视柜和第7章中所述的大橱柜类似。电视柜用于放置电子产品，如电视机、有线电视机顶盒、DVD影碟机等，还可以用作储物区。电视柜是大件家具，而大件家具需要设计成可分解式，以便搬运。

与大橱柜相像，电视柜可以是独立式家具，或从外观看可以如同由多个组件构成的更大的嵌壁式家具。制作电视柜的第一步是测定预期在该装置内存放的电气组件（如电视机、有线电视机顶盒等）的总体尺寸。

注意，一般情况下所列出的电视机基本尺寸（如36英寸电视）是指屏幕对角线尺寸，而不是电视机的总体尺寸。

第二步是确定客户所需的储存空间，以及此类家具是否需要具备开放式搁板，以摆放物品，或是否需要具备柜门，以遮蔽其中物品。还要考虑是否用于摆放电器，并考虑如何连接电源。最后要注意的是电视机与地板的距离，这一距离取决于房间内座椅的高度。

大橱柜式电视柜

立式橱柜是最流行的电视柜结构。在这种立式橱柜电视柜中，电视机放在略高于中心的位置，下部设有抽屉或柜门。由于其为大件家具，因此采用胶合板制造结构外壳。胶合板尺寸应为4英尺×8英尺。为最大限度地利用材料，可将这块板从中间分割成两半，形成两块24英寸的板。再将这些板割成所需的高度，以使一块板材可用于橱柜的两个侧面。如果加装了实木面框，大橱柜的侧面应为24$\frac{3}{4}$英寸宽；橱柜一般为22$\frac{1}{2}$英寸至24$\frac{3}{4}$英寸深，尺寸仅代表外壳的大小。如果加装了装饰线（如底饰条或顶冠饰条），则橱柜的整体尺寸将增加（图8.13）。伏贴装饰线可以加装在各个侧面，以产生嵌板的效果。用胶将装饰线粘住，用小型无头钉钉住，拐角采用斜接方式，以使装饰线外观完全一致。面框也可以用刨槽机添加细节设计，如图8.13所示，在各个侧面上开出结构凹槽。（1英寸=25.4毫米）

另一种是水平式橱柜电视柜。在这种家具中，电视机放在柜子的一侧，搁板设在另一侧，以摆放电气组件（图8.14）。通常情况下，柜子会另外增加一个中心支脚，当柜子内装有物品时，支脚起到支撑重量作用。没有中心支脚，一段时间后，此类家具可能会开始弯曲。这种风格家具的主要缺点是电视机与地面的距离太近。在大房间内，其他家具可能会遮挡视线，由此很难看到电视。另外，其在水平方向上占据了较大的墙面，致使难以在房间内放置其他家具。

三件式电视柜

图8.15a 三件式组合壁挂电视柜。

组合壁挂式电视柜

组合壁挂式电视柜由组合柜构成，一般为三柜、五柜或更多，特别是电视柜与多个收藏品和储物摆放柜相结合时。大门的宽度一般为30英寸~36英寸，因此，为了能通过这个尺寸的开口，需要将大件家具分解成较小的单件，包括组合壁挂式电视柜。（1英寸=25.4毫米）

用螺丝从组合式组件内部将组件组合在一起，以保证遮蔽螺丝。多数制造商提供非倾斜式支架，以免较大的重型箱子/物品从柜子上坠落。中心柜与立式橱柜电视柜相像，用于盛装主要电子产品。侧柜并不深，而且还安装了搁板、柜门或抽屉，以提供额外的储存空间，如将中心柜和侧柜分别制成24英寸深和20英寸深，可实现各部分之间无缝连接。这些侧柜还可以放置音响，并装有前盖，以免影响音响（图8.15a、8.15b）。

角柜式大橱柜

角柜式大橱柜一般置于墙角。从外观上看，它的构造非常简单，但有两个独特之处。一是侧面用削为45°，二是具备抽屉

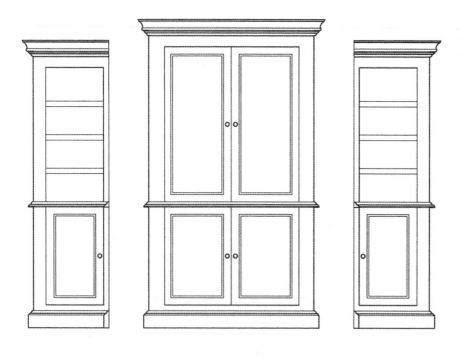

三件式电视柜

图8.15b 螺丝连接的电视柜单柜。

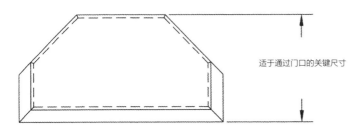

适于通过门口的关键尺寸

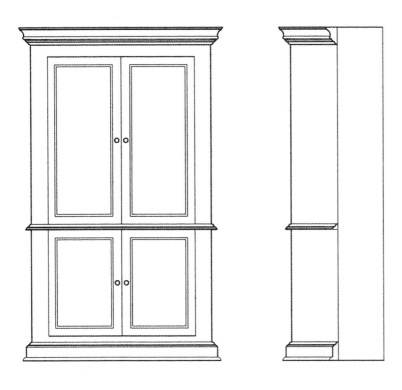

角柜式大橱柜

图8.16a 角柜式大橱柜。注意,为搬运家具,其深度的总尺寸需比门口开口小

设计时要注意两点。一是大橱柜的总深度,如果其后侧呈直角转角,大橱柜就会过深,以致无法通过大门,二是由于角柜不是直角,因此与柜子本身相比,每个抽屉的宽度都要更小,由此抽屉的各个侧面会形成死角,或者总深度会更小,抽屉后侧形成死角(图8.16b~图8.16c)。

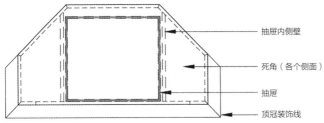

抽屉内侧壁

死角(各个侧面)

抽屉

顶冠装饰线

图8.16b 安装到柜子后面时抽屉的详图

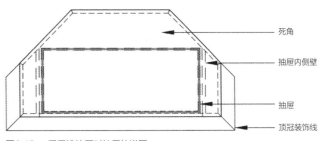

死角

抽屉内侧壁

抽屉

顶冠装饰线

图8.16c 采用浅抽屉时抽屉的详图

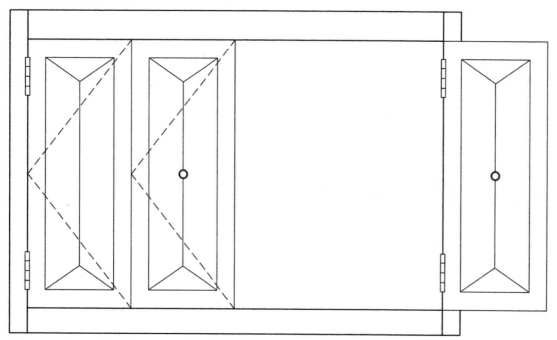

图8.17a 一扇门打开时的双折门

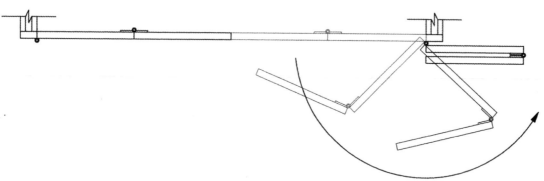

图8.17b 双折门俯视图及双折门的打开方法

双折门

　　双折门有两套折叶,这种柜门一般从中心分开,或采用两个窄门从多处分开。折叶采用标准的隐藏式折叶或销型折叶,折叶安装于外门和柜子上。第二扇门与第一扇门后侧用特殊的双折折叶连接,以便在前面遮蔽折叶。每扇门上采用两个折叶。每个折叶内侧装有一个弹簧,以便打开门板(图8.17a、图8.17b)

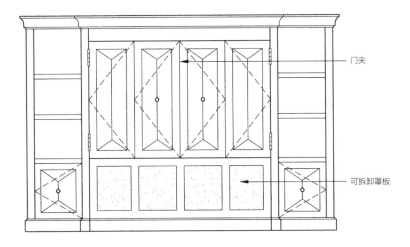

大屏幕电视电视柜

门夹

可拆卸罩板

图8.17c　大屏幕电视电视

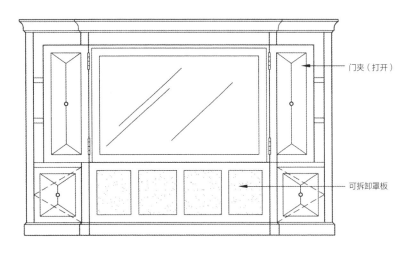

门夹（打开）

可拆卸罩板

图8.17d　双折门打开时的柜子

大橱柜（大屏幕电视）

图8.17e　整个壳体部分分解图。侧面用螺丝连接，前面音响板用门夹连接

大屏幕电视

当为大屏幕电视设计电视柜时，必须围绕电视机设计。电视机应配备暗轮，以便移动。当柜子安装完后，将电视机放到合适位置，电视机前一般安装一个罩板和一个门夹，以便在使用电视机时移开罩板（图8.17c~图8.17e）。

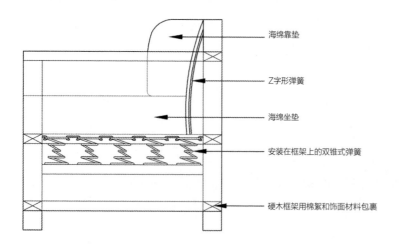

海绵靠垫

Z字形弹簧

海绵坐垫

安装在框架上的双锥式弹簧

硬木框架用棉絮和饰面材料包裹

双人沙发剖视图

图8.18 软垫家具结构剖视图

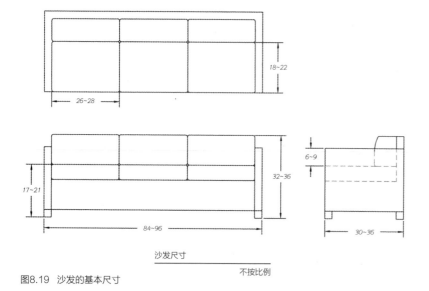

18~22

26~28

6~9

32~36

17~21

84~96

30~36

沙发尺寸

不按比例

图8.19 沙发的基本尺寸

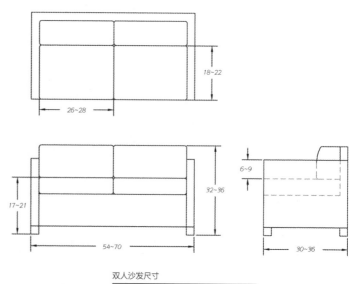

18~22

26~28

6~9

32~36

17~21

54~70

30~36

双人沙发尺寸

不按比例

图8.20 双人沙发的基本尺寸

沙发和双人沙发

软垫沙发或双人沙发能分解成几个不同的部分：框架、弹簧结构、靠垫和饰面材料。这些都会影响到价格，因此购买前客户应对其有所了解。

框架最好采用烘干的硬木制成，如白蜡木、桦木、槭木、橡木或白杨木。低端沙发会采用软木，如松木或花旗松框架软木框架并不牢固而且施加重量时会弯曲。高端沙发座椅区域采用双锥式弹簧，沙发背会采用双锥式、Z字形或迂回线弹簧；低端沙发座椅和靠背采用编织带支撑靠垫。多数靠垫是海绵，海绵周围加一层棉絮，然后用饰面材料包裹。也有一些靠垫采用弹簧靠垫，双锥式弹簧外加一层海绵和棉絮，然后再用饰面材料包裹（图8.18）。

图8.19和8.20的图纸展示了沙发和双人沙发的基本尺寸，具体尺寸可以根据沙发的风格和设计来调整。

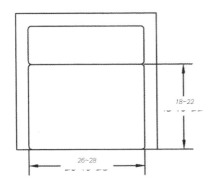

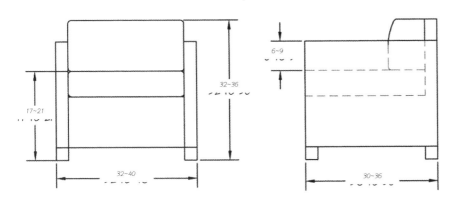

休闲椅的基本尺寸。

不按比例

图8.21 休闲椅的基本尺寸

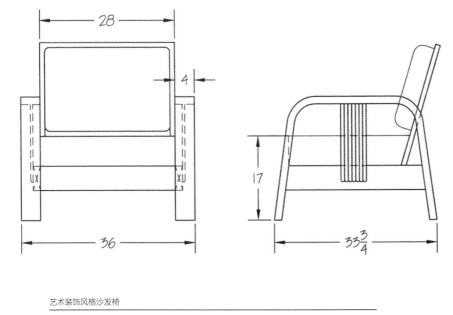

艺术装饰风格沙发椅

图8.22 外露木质框架的装饰艺术风格休闲椅

休闲椅

休闲椅种类较多，可以根据房间的功能和风格加以选择。休闲椅可以是完全软垫式或用木材装饰；配备或不配备椅臂均可；可以是斜靠躺椅，也可以另外配备搁脚凳。椅子距离地面应为17英寸~21英寸高，（1英寸=25.4毫米）椅子深度应为18英寸~22英寸，较小椅子的宽度应为20英寸~24英寸，较大椅子的宽度应为26英寸~28英寸（图8.21）。

与沙发相同，休闲椅的质量和成本也取决于其结构和材料。完全软垫椅的副框架应采用硬木，如白蜡木、桦木、槭木、橡木或白杨木。低端休闲椅会采用松木或软木框架。设计者应了解定制者所需木材类型。根据不同风格，框架可以外露，例如艺术装饰设计，这种椅子采用在框架和靠垫材料之间形成对比的设计元素（图8.22），采用外露框架设计时必须要考虑所选木材种类和所需饰面。

躺椅（长椅）

法国人将这种类型的椅子称为"chaise longue"，意思是"长椅"，但英语中一般称其为躺椅。躺椅与伸缩式休闲椅相像。尽管这种椅子得名于法国，但始创于埃及。在法国洛可可时期，因其非对称式设计而盛行。躺椅可以设计为完全软垫式或采用外露木质框架结构，软垫座椅、靠背，其可采用单侧或双侧椅臂。椅子尺寸各不相同，但高度一般在15英寸~20英寸。深度可在24英寸~32英寸，而总长度可在70英寸~80英寸。通常此类家具是用于人阅读的，是独立式单件家具，但许多组合沙发会在组合设计中结合选配的躺椅（图8.23）。

搁脚凳

搁脚凳是一种软垫搁脚物，一般会与特殊风格的沙发床或沙发搭配。根据沙发床或沙发的不同风格和高度，其总高度可为15英寸~20英寸。搁脚凳一般为方形或矩形，这取决于其摆放位置前面家具的宽度。在较小的房间里，搁脚凳可以设计为可储物式，可在其顶部的垫子上安装有折叶，以便利用内部空间（图8.24）。另外，与沙发床相同，搁脚凳可以是完全软垫式，也可以采用外露木质框架。在一些设计中，外露木质框架将靠垫固定在某位置，或装有两面的靠垫，靠垫底部为硬台面，靠垫翻过去时，搁脚凳可用作小桌子。

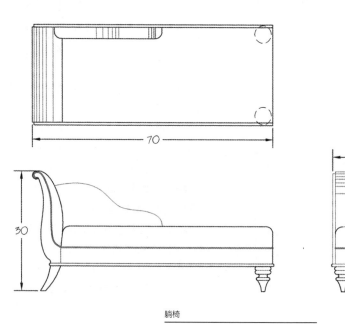

图8.23 躺椅示例

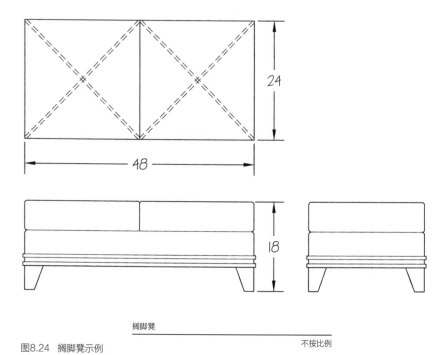

图8.24 搁脚凳示例

不按比例

任务与测验

任务1 设计客厅家具组合

说明：绘制客厅家具组合的视图和详图，以便设计组合的相关家具。选择家具风格并重新设置下列摆件的细节和元素：

茶几

咖啡桌

沙发桌

第1部分：绘制组合内每件家具的缩略草图。

第2部分：绘制每件家具的正交投影图。

第3部分：绘制每件家具的效果图。

任务2 设计大件家具

说明：绘制大件家具的视图和详图，以便使在设计家具时不会出现重量和比例问题。设计两种不同的电视柜，第一件是具有复古元素的角柜式电视柜，第二件采用现代三件组合式壁挂设计，用镶饰营造视觉兴趣性效果。每种设计必须留出放置电视机、DVD机和有线电视机顶盒的空间。

第1部分：展示大橱柜的正视图和侧视图，并标注尺寸。

第2部分：展示柜门打开时的电视柜，并标注内部尺寸。

第3部分：绘制每个橱柜立面效果图。

测验

请为下列问题选择最佳答案。

1. 咖啡桌的合适高度是多少？

A. 12英寸~18英寸

B. 18英寸~20英寸

C. 20英寸~24英寸

2. 在木质框架上安装石质或玻璃桌面时，间隙的尺寸应是多少？

A. 每个边1/16英寸

B. 每个边1/8英寸

C. 每个边1/4英寸

3. 茶几的基本高度是多少？

A. 12英寸　B. 24英寸　C. 36英寸

4. 大橱柜侧面的尺寸一般是多少？

A. 约20英寸　B. 约24英寸

C. 约32英寸

5. 什么是双壁大橱柜？

A. 双背面

B. 双底面

C. 双侧面

6. 双折门有什么功能？

A. 外侧周围折叠

B. 打开时，中心折叠

C. 打开和滑动

7. 沙发、双人沙发或休闲椅的座椅高度尺寸一般是多少？

A. 10英寸~12英寸

B. 17英寸~21英寸

C. 20英寸~24英寸

8. 优质的沙发框架采用哪种材料制成？

A. 胶合板　　B. 软木　C. 硬木

9. 法语中chaise longue是什么意思？

A. 宽椅　　　B. 短椅　C. 长椅

10. 沙发桌的宽度一般应是多少？

A. 6英寸~11英寸

B. 12英寸~18英寸

C. 18英寸~24英寸

Chapter 9

家庭办公室家具设计

在家具和室内设计产业，家庭办公室的市场需求不断增长。本章从办公桌开始论述，提供了多种储存空间选择，并讨论了将当代科技应用于办公桌的方式。本章旨在帮助读者更好地理解平衡设计和功能需求的方法。其中还列出了办公桌和抽屉的基本尺寸。另外，由于桌椅通常配套使用，因此也列出了配套椅子的尺寸。本章还涉及酒店办公桌，说明了酒店办公桌与家用办公桌之间的区别，并讨论了家庭办公室的储存需要，包括档案柜尺寸、档案和书柜尺寸。

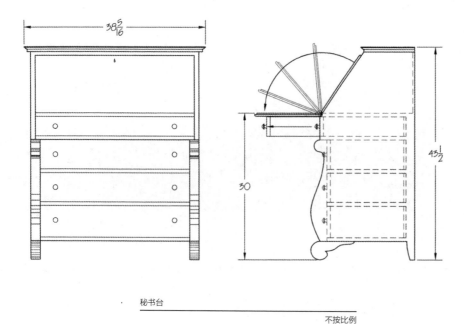

秘书台

不按比例

图9.1a 帝国式斜顶式秘书台。打开时,利用第一个抽屉支撑顶部的重量

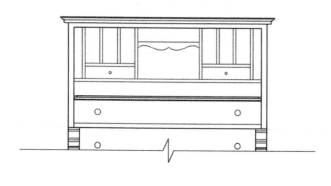

秘书台(打开时的内视图)

不按比例

图9.1b 展示了通常用于储存纸张和邮件的储存空间内视图

办公桌

　　在过去100年间,办公桌设计发生了巨大的变化,这主要是因为办公桌由原来单纯的书写台面变成了放置计算机的区域。在设计办公桌时,需将计算机考虑在内,使办公桌能够在需要时具备所需的功能,如键盘托盘替代了文具抽屉,CPU支撑架替代了某些侧面的抽屉。可能还需要为印刷机、扫描仪和显示屏配置线路、通风装置和配件。对于办公桌而言,最重要的尺寸是工作台面的高度。工作台面的高度应与餐桌的高度相同,为29英寸至30英寸。该尺寸根据人体工程学理论而得出。

　　原始的办公桌设计,如秘书台和拉盖办公桌,依旧是优质的书写用办公桌,但通常这些办公桌都有封顶以遮蔽工作区域,且这一工作区域的高度和整体深度均过小,无法容纳台式计算机,因而并不适于放置计算机。目前,很多公司都在对这些办公桌进行再造,使其从外观上看与原始的办公桌相同,也对这些办公桌进行了重新设计,使其能够容纳计算机和其他电子产品。

容膝桌

　　容膝桌设计为两侧带有一套抽屉,中间为文具抽屉,从而为用户提供了容纳膝盖的桌下空间。两侧的抽屉通常设计为最下面的大档案抽屉上有两个储物抽屉。

　　同时,在这两侧抽屉中间,桌子的背面还有一块全长或半长的遮腿板。

秘书台

　　从外观看,秘书台与带有折叠前板的小型梳妆台十分相像,打开后,便可作为书写台面(图9.1a)。在关闭时,折叠前板还能够垂直放置或倾斜成一定角度。其内部具有放置文书的储存空间,也可具备一些小抽屉或有沟槽的储存空间(图9.1b)。当打开顶部时,可通过底部抽屉或两侧的支撑件进行支撑。

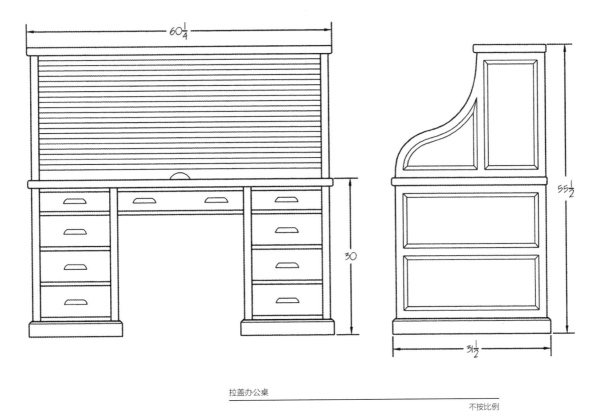

拉盖办公桌

不按比例

图9.2a　拉盖办公桌

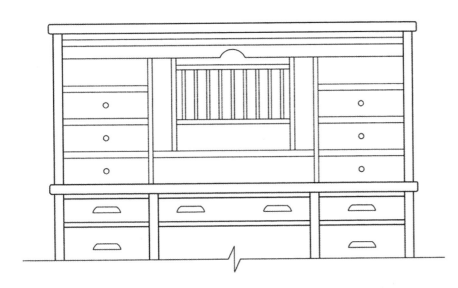

拉盖办公桌（打开时的内视图）

不按比例

图9.2b　展示了通常用于储存纸张的储存空间内视图

拉盖办公桌

　　拉盖办公桌与秘书台的储存空间类型相同，但尺寸更大。该办公桌由其顶部前端滚动绷圈型门而得名。该部分的顶端形成珠饰前端，并卷入办公桌的背部，从而隐藏起来。

　　桌子底部的设计与容膝桌的设计类似，如图9.2a和图9.2b所示。

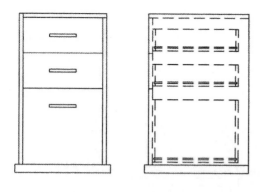 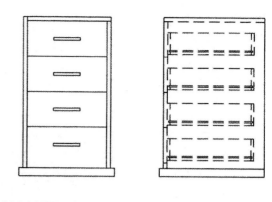

模块化办公桌（档案抽屉）

不按比例

模块化办公桌（堆叠抽屉）

不按比例

图9.3a 左侧为档案抽屉，右侧为堆叠抽屉

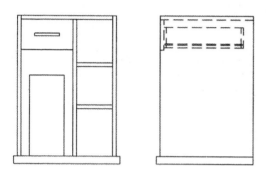 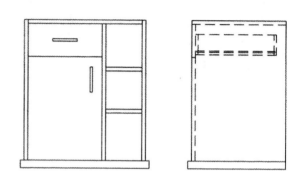

模块化办公桌（CPU支撑架）

不按比例

模块化办公桌（储存空间）

不按比例

图9.3b 左侧为CPU支撑架和搁架，右侧为带有搁架的抽屉和柜门

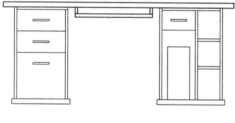

模块化办公桌

不按比例

图9.3c 右侧放置CPU，左侧放置抽屉，带有桌面和键盘抽屉

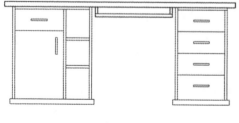

模块化办公桌

不按比例

图9.3d 右侧为抽屉，左侧为档案抽屉和柜门，带有桌面和键盘抽屉

模块化办公桌

　　模块化办公桌采用的是带有桌面的模块化组件。这种风格办公桌的建造利用了大批量生产的技术，使制造公司能够生产出具有相同零件和部件的许多不同形式。之后，客户能够挑选不同的零件进行设计。这些组件可分别制成档案抽屉、堆叠抽屉、CPU支撑架或储物框（图9.3a~9.3d）。

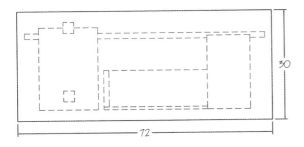

图9.4b 办公桌前面的照片

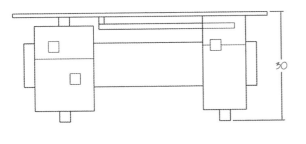

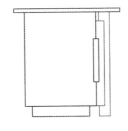

办公室计算机办公桌

不按比例

图9.4a 办公室计算机办公桌的AutoCAD图

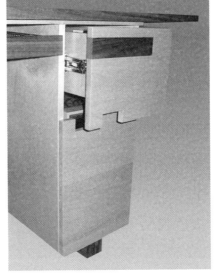

图9.4c 办公桌背面的照片

图9.4d 抽屉和CPU柜门关闭时的细节　　　　图9.4e 抽屉打开而CPU柜门关闭时的细节　　　　图9.4f 抽屉关闭而CPU柜门打开时的细节

用简单的设计营造出卓越的外观

　　若家具（如办公桌）的设计元素过于简单，为使其更具吸引力，需要在其中融入适当程度的细节处理，使整个设计能够满足客户需求并符合预算。要实现这一目标，需要确保各元素合理搭配。图9.4a至图9.4f中所精选的部件运用了两种不同的元素。首先，台面突出采用了对比较强的木调，吸引了客户的目光。在突出这一特点时，需着重注意的是，要确保各部件相接的方式不要影响其正常功能。顶部设计具有浮动特性，有助于增加家具的视觉厚重感。抽屉和CPU柜门在细节的雕琢上依然保持交叉平面和对比性色调的特点。因整个零件的布局设计简单，因此抽屉拉手也应与整体风格相匹配。在此类家具中，设计者并未采用现成的拉手，而是采用负空间方形开口，从而与直线型设计相匹配。而且还采取非对称的设计方式，以与整个办公桌非对称的设计相匹配。

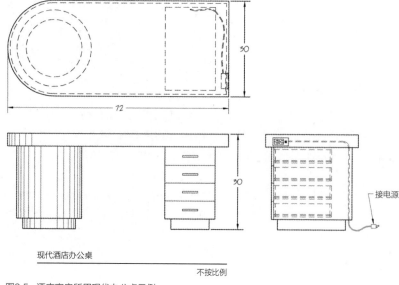

现代酒店办公桌

不按比例

图9.5 酒店客房所用现代办公桌示例

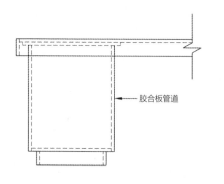

胶合板管道

弯曲基座的剖视图

图9.6a 办公桌管道基座剖视图

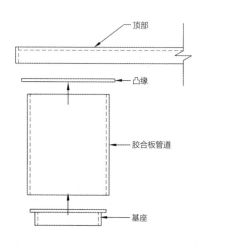

顶部

凸缘

胶合板管道

基座

弯曲基座的部件分解图

图9.6b 展示了基座和顶部凸缘的部件分解图，基座和顶部凸缘与形成整个基座的胶合板管道相粘连。之后，通过凸缘用螺丝将基座拧紧在顶部

酒店办公桌

当今社会，对很多人来说，酒店客房已经成为离家在外的另一个家，而酒店办公桌也就成了他们的办公室。酒店办公桌与家用办公桌相似，但其整体设计要与酒店客房的整体美感相匹配。这两种办公桌的最大不同有两点，一是酒店办公桌无档案抽屉，因储存空间并非其优先考虑因素，二是酒店办公桌有内置的电源和互联网插座，便于商务旅行者使用笔记本电脑。如图9.5所示的办公桌指出了两个不同的问题：如何创造不同类型的弯曲木质台面，以及如何处理办公桌上的互联网和电源连接线路。示例中展示了一张现代办公桌，终饰面为胶合板，因此基层板可采用中密度纤维板（MDF），能够形成良好的平整台面，但若预算不足以负担中密度纤维板的费用，则可以采用木屑板。

若桌面有弯曲的部分，则可利用弯板形成外边缘。弯板只有3/8英寸厚，因此可将外边缘对折，对折后，外边缘为3/4英寸厚，并粘在中密度纤维板顶面上。之后将胶合板粘在该平面上，形成木质外观。右侧设计成一列抽屉，具有与左侧相同的底座细部，以及与管型座相同的饰面材料，如图9.6a所示。该图纸所示为办公桌一侧的管型座设计，该管型座由预先购买的胶合板管制成。许多公司均制造3英寸至48英寸直径标准尺寸的胶合板管。通常用全管或半管，管长通常为12英寸至48英寸。厚度为3/8英寸，外侧用胶合板装饰。设计者可根据直径、长度和木板饰面材料订购管道。选好管道后，可利用$^3/_4$英寸的胶合板在管道顶端建造凸缘，使其能够与顶部连接，还可添加底座细部或模塑以保护管道底端的胶合板边缘。（图9.6b）。

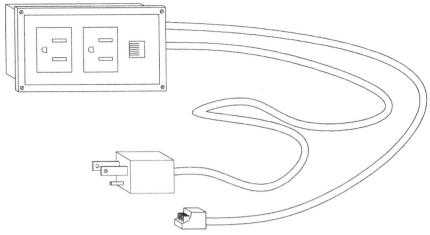

图9.7a 家具应用的电源和互联网终端示例

图9.7b 安装在前端的装置示例

图9.7c 安装在侧面的装置示例

　　酒店客房内的办公桌还需能够容纳笔记本电脑和互联网连接件。能够添加电气和互联网连接件，并可在多种不同配置下使用。由于此类办公桌用于酒店客房中，终端的类型应设计为能够安装在办公桌的前端或侧面，这样能保护终端不会被从桌上掉落的任何东西砸到。

　　终端安装在办公桌内，线缆放置在办公桌内并从后面伸出，与电源和互联网网线连通（图9.7a~图9.7c）。

办公椅

　　设计办公椅时，应使其与办公桌的整体风格相匹配，且通常会包含旋转支承。无法进行调整的固定式办公椅也可以，但如今已很少使用。旋转支承可用于多种不同类型和尺寸，需要根据办公椅的类型进行选择。

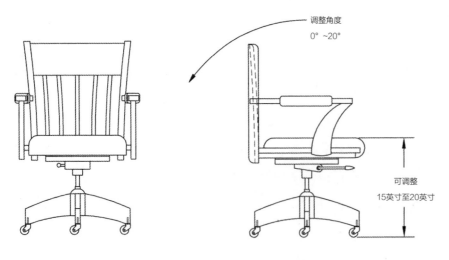

调整角度
0°~20°

可调整
15英寸至20英寸

办公椅

图9.8 办公椅示例

基座可调，因而能够升高或降低座位的高度以适应终端用户的需要。办公椅座位应能够在15英寸至20英寸之间进行调整，如图9.8所示。基座由钢材或高压塑料制成，但椅子支架可用木质包皮以匹配办公椅的其他部件。基座有脚轮，因此能够旋转并从一侧滚动到另一侧，同时能够向后倾斜。大部分办公椅能够进行调整，角度通常为0°至20°。设计者应为制造者提供适当类型的基座，使最终制造出的办公椅与设计的办公椅一致。在安装到基座上之前，办公椅的座位和椅背应先由制造者制造、装饰并装上软垫。座位底部通过螺丝与钢制基座的凸缘连接，通常，八个螺丝中的六个与另外两个相连接。

档案柜

档案柜有两种基本类型的档案储存空间：档案抽屉垂直排列配置的档案柜，通常高度较高；档案抽屉水平排列的档案柜，高度较低但较宽。档案柜或书柜需要根据存放文件尺寸及竖直或水平放置形式来设计。

档案抽屉五金件与标准抽屉滑轨略微不同，其依然安装在抽屉的侧面，但其设计用于承担更大的重量。悬挂式档案的基本尺寸为$9\frac{1}{4}$英寸高，$11\frac{3}{4}$英寸宽，每一侧有$\frac{1}{2}$英寸的吊架，使总宽度为$12\frac{3}{4}$英寸，但法定档案测量值为$9\frac{1}{4}$英寸×$14\frac{3}{4}$英寸，如图9.9a所示。

可在档案抽屉内部的每一侧添加金属带用以悬挂档案。可在一侧添加金属，使其能够粘在侧壁的1/2英寸处，或将其悬挂在侧壁的附加木块上。这两种方式的整体尺寸有所差别，如图9.9b所示。（1英寸=25.4毫米）

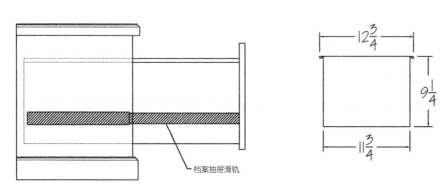

$12\frac{3}{4}$

$9\frac{1}{4}$

$11\frac{3}{4}$

档案抽屉滑轨

图9.9a 左侧为安装在侧面的抽屉滑轨，右侧为标准悬挂式档案的基本尺寸

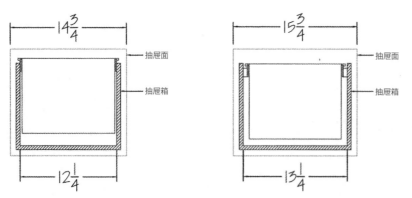

$14\frac{3}{4}$

抽屉面

抽屉箱

$12\frac{1}{4}$

$15\frac{3}{4}$

抽屉面

抽屉箱

$13\frac{1}{4}$

图9.9b 左侧为悬挂在抽屉箱上的悬挂式档案，右侧为悬挂在抽屉箱内的悬挂式档案

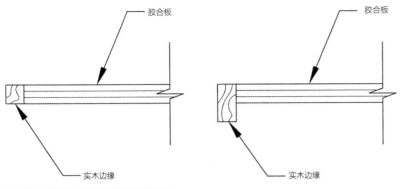

图9.10 两种不同书架边缘的部件分解图

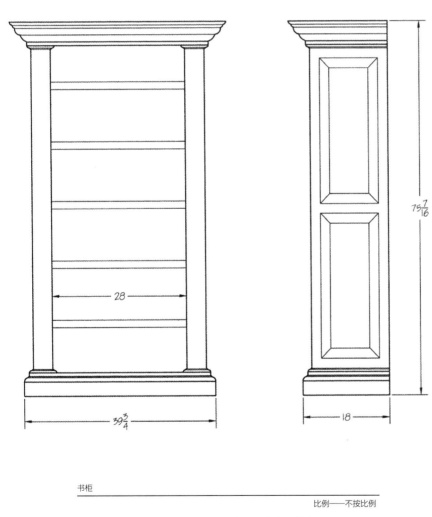

书柜

比例——不按比例

图9.11 书柜以及架构详图。此类家具为双壁结构，因此书架总长为28英寸

书柜

书柜通常较窄，深约12英寸，这样既可展示书籍又便于取阅。书架由3/4英寸的胶合板制成，前端边缘为某种类型的实木。该边缘可为3/4×3/4英寸或3/4英寸×1$\frac{1}{2}$英寸，根据所需实现的美学效果而定，如图9.10所示。

若前端边缘为1$\frac{1}{2}$英寸，该边缘能够略微增大书架的支撑力，但制造宽边的主要原因是使书架和其余家具形成更好的比例。（1英寸=25.4毫米）

书架的整体跨度长最大为36英寸。若书架设计用于放置更重的物体，如法律书籍，则整体跨度长度最大为32英寸。该长度能够确保书架不会因重量而弯曲，如图9.11所示。

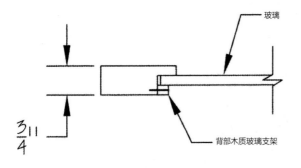

玻璃

$\frac{3}{4}$ 11

背部木质玻璃支架

玻璃面板

图9.12a 建造玻璃面板柜门方法的剖视图

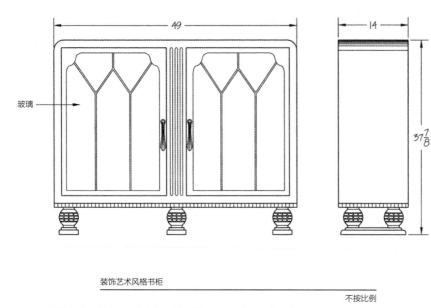

玻璃

装饰艺术风格书柜

不按比例

图9.12b 装饰艺术风格书柜；带有中心书架支架的内部书架总长为47$\frac{1}{2}$英寸

书柜/古玩柜

延长书架长度的一种方式是增大中央支撑力，若增加了柜门，则支撑力足也应考虑在内的一部分。该中央部件有相同的钻孔，位于书架支撑支座的一侧。

书架支座可用于调整书架，使书架能够适应所展示的书籍或物品。为了依然能够显示出书柜的外观，柜门可为木质结构，并采用玻璃面板（图9.12a与图9.12b）。可通过多种方式将玻璃面板与框架相贴合。能够清晰地看到柜门内的最好方式是为背部边缘添加木质支架，以支撑玻璃面板。

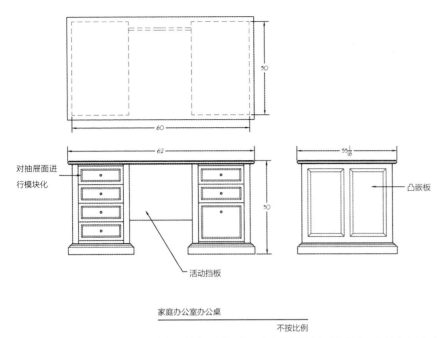

对抽屉面进行模块化

凸嵌板

活动挡板

家庭办公室办公桌

不按比例

图9.13a 实木办公桌AutoCAD内部示例（正交投影），在家具图纸上加上标签并标注尺寸（1英寸=25.4毫米）

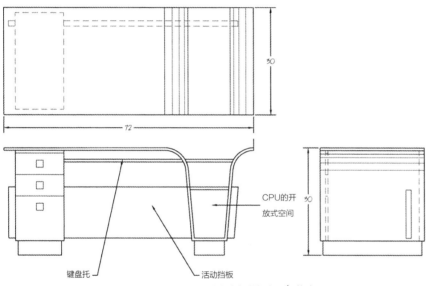

CPU的开放式空间

键盘托

活动挡板

图9.13b 装饰艺术风格书柜，带有中心书架支架的内部书架总长为47$\frac{1}{2}$英寸

任务与测验

任务1：设计办公桌

说明：请绘制不同办公桌的设计图纸，以展示与家具设计有关的比例，加强对人体工程学的基本理解认识。绘制两种不同的办公桌设计图，一种由实木制成，有历史厚重感，一种由胶合板制成，具有现代外观。

第1部分：绘制概念草图，绘制铅笔/技术钢笔草图。以正交视角和透视视角绘图。

第2部分：打开AutoCAD，在AutoCAD中绘制两件家具（正交投影）的图纸，如第2章所示。在家具图纸上加上标签并标注尺寸。打印3/4英寸或1英寸范围内的图纸（图9.13a-9.13b中的示例）。

第3部分：制作上色效果图，在8$\frac{1}{2}$英寸×11英寸的纸上，对创意图纸进行渲染。

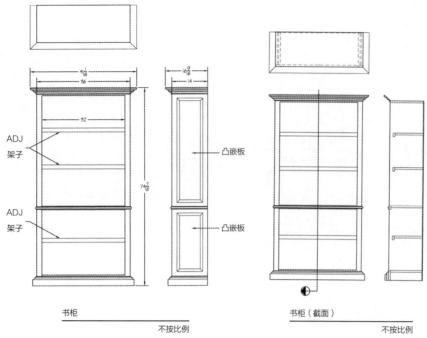

ADJ
架子

ADJ
架子

凸嵌板

凸嵌板

书柜

不按比例

书柜（截面）

不按比例

图9.14a　AutoCAD内书柜正交投影示例，含标签和尺寸

图9.14b　与图9.14a截面所示相同书柜的第二套图纸示例

任务2：

设计书柜

说明：请为同一设计绘制出两套图纸——一套为正交图纸，展示整个家具的尺寸和标记，另一套为剖视图纸，展示家具的结构。

第1部分：绘制概念草图，绘制铅笔/技术钢笔草图。

在拓展各种创意及变更细节、比例和尺寸时绘制正视图和侧视图的缩略草图。

第2部分：打开AutoCAD，在AutoCAD中绘制书柜（正交投影）的图纸，如第2章所示。在家具图纸上标注细节及尺寸。按照3/4英寸代表1英尺或1英寸代表1英尺的比例尺打印图纸。

第3部分：绘制第二套图纸，展示同一书柜的剖面（图9.14a、图9.14b中的示例）。

测验

1. 办公桌工作台面的合适高度为多少？

A.30英寸　　B.32英寸　　C.36英寸

2. 如何设计秘书台？

A. 表面能够卷起

B. 前端能够向下折叠

C. 前端能够滑出

3. 书柜内书架的最大跨度为多大？

A. 24英寸　　B.36英寸　　C.48英寸

4. 模块化设计的含义是什么？

A. 始终采用相同的组件

B. 为家具构建现代化外观

C. 制作整套家具

5. 档案柜应采用何种类型的抽屉滑轨？

A. 标准滑轨

B. 双向上标准滑轨

C. 规定的档案柜滑轨

6. 胶合板管道的典型壁厚为多少？

A. 3/8英寸　　B. 1/2英寸　C. 3/4英寸

7. 办公椅座位的典型可调整高度为多少？

A. 10英寸至15英寸

B. 12英寸至18英寸

C. 15英寸至20英寸

8. 办公椅能够倾斜的角度为多大？

A. 0°～10°　B. 0°～20°　C. 0°～30°

9. 将玻璃面板贴合在柜门上的最好方式是什么？

A. 将玻璃粘在柜门的背部边缘上

B. 将柜门背部边缘贴合在木质支架上

C. 将螺丝添加到柜门背部边缘上

10. 何种类型的办公桌有珠饰前门？

A. 秘书台

B. 拉盖办公桌

C. 容膝桌

Chapter **10**

其他家具设计

　　本章介绍一些在前面章节中没有涉及到的家具，如不同类型的活动翻板桌和游戏桌，这些桌子可放在不同类型的房间中。还有一些家居饰品，如装饰画、装饰镜、储藏架等。此外，本章还介绍了灯饰结构，展示如何将基础组件融入设计，以及一些拆装式家具。

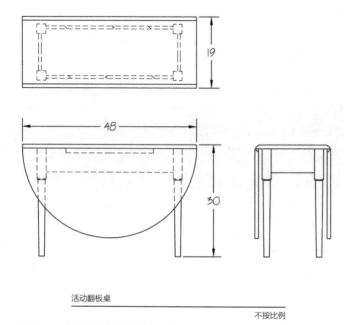

活动翻板桌

不按比例

图10.1a　活动翻板桌折叠板收起示例

活动翻板桌

活动翻板桌在桌子两侧各有一个活动翻板，可以通过折叠与中间固定桌面部分分开，减少桌面整体面积。这种桌子在两侧翻板落下收起时，可以作为一张台桌，而当翻板升起展开时，又可以作为一张餐桌使用。桌子通常具有可以从底部向外摆动或滑动的木制支撑臂，以支撑升起的翻板桌面（图10.1a、图10.1b），不过较新的桌子可能采用的是金属支撑臂。将固定与可折叠部分桌面连结起来的，是一部分安装在固定桌面底部，另一部分安装在活动桌面底部的一种特殊铰链（图10.2a、图10.2b）。通过应用这种铰链，使得折叠部分被打开时，桌面能够紧密地接合在一起。

桌边断面图

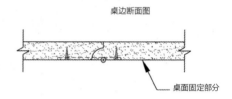

桌面固定部分

桌边断面图

桌面固定部分

图10.2a　折叠桌边缘细节示例

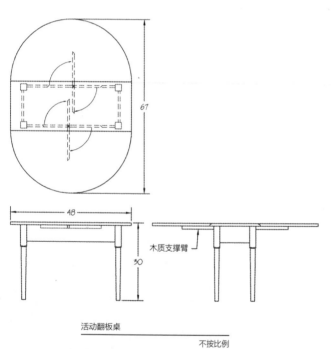

木质支撑臂

活动翻板桌

不按比例

图10.1b　活动翻板桌折叠板展开示例

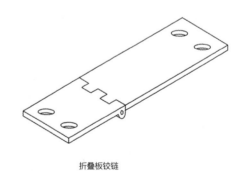

折叠板铰链

图10.2b　折叠板铰链示例

门腿桌

门腿桌是一种折叠桌，多了桌腿，两侧分别安装有轨道系统，可以像门一样打开。当折叠板翻下，门腿旋向桌框，移除了对折叠板的支撑。当两片折叠板都翻下，桌面固定，下方共有六条桌腿，其中四个是桌脚，两个是门腿。桌面的剖面图与标准的活动翻板桌相同（图10.3a、图10.3b）。

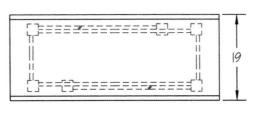
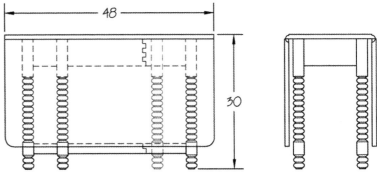

门腿桌

不按比例

图10.3a　门腿桌折叠后示例

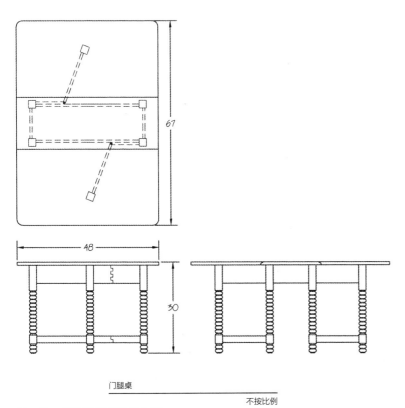

门腿桌

不按比例

图10.3b　门腿桌折叠板展开后示例

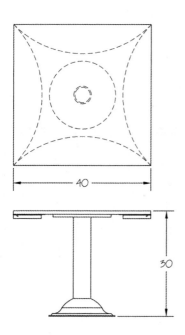

40

30

饭店活动翻板桌

不按比例

图10.4a　饭店活动翻板桌折叠板收起示例

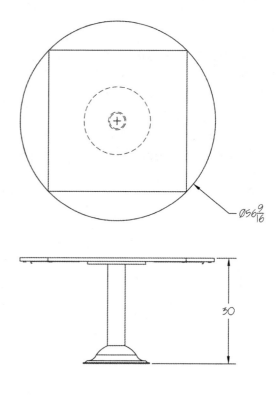

Ø56$\frac{9}{16}$

30

饭店活动翻板桌

不按比例

图10.4b　饭店活动翻板桌折叠板撑开示例

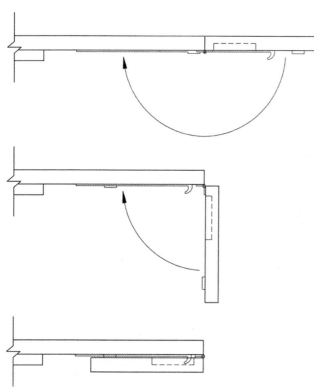

图10.5　折叠板工作过程示例

饭店活动翻板桌

　　这种桌子由中间的方形固定桌面及其四边的弓形折叠桌板组成。当四边桌板撑开时，桌子就可以立即由四人方桌变为六人圆桌（图10.4a、图10.4b）。这种桌子的制作方法与常规活动翻板桌完全不同。正方形桌面边缘细节部分使用了钢琴铰链与底部滑动锁或强磁挂钩。当折叠桌板落下不使用时，会被锁定在桌面下方。而当桌子要展开时，折叠桌板会被拉出锁定位置，然后转动180°至与固定桌面水平。此时底部的金属滑动锁也会被拉出来，从底部支撑打开的折叠板（图10.5）。

　　这些桌子的底座可以由来自许多不同家具零部件公司的待装家具部件组装而成（图10.6a、图10.6b）。各种不同类型与尺寸的桌子都有底座。底座的宽度取决于桌面尺寸的大小，不过大多数公司都提出了建议尺寸。表10.1展示了适合于不同尺寸桌面的底座尺寸，但事实上每个制造商都会有其指定尺寸。

表 10.1

底座对应桌面尺寸：X型与光盘架型底座

（1英寸=25.4毫米）

X型底座	方形桌面尺寸	圆形桌面尺寸
22英寸 × 22英寸范围	24英寸～30英寸	30英寸～36英寸
30英寸 × 30英寸范围	36英寸	42英寸
36英寸 × 36英寸范围	42英寸～48英寸	48英寸

长方形桌面尺寸

24英寸 × 30英寸范围	30英寸 × 36英寸～36英寸 ×48英寸

光盘架型底座	方形桌面尺寸	圆形桌面尺寸
18英寸直径	24英寸	24英寸～30英寸
24英寸直径	36英寸	36英寸～42英寸
30英寸直径	42英寸	42英寸～48英寸

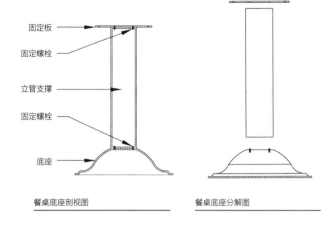

固定板
固定螺栓
立管支撑
固定螺栓
底座

餐桌底座剖视图

餐桌底座分解图

图10.6a　待装餐桌底座部件剖视图　　　图10.6b　待装餐桌底座部件分解图

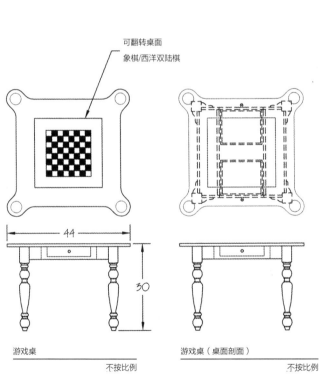

可翻转桌面
象棋/西洋双陆棋

44

30

游戏桌　　　　　　　游戏桌（桌面剖面）

不按比例　　　　　　　　　　　不按比例

图10.7　左图为带有可翻转桌面的游戏桌，右图为带抽屉桌子的剖视图

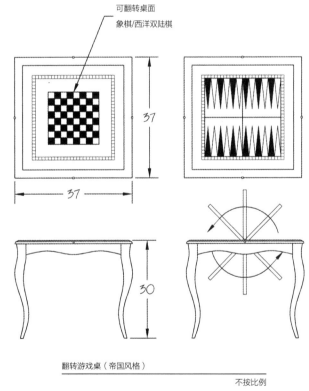

可翻转桌面
象棋/西洋双陆棋

37

37

30

翻转游戏桌（帝国风格）

不按比例

图10.8　可翻转游戏桌示例。右图展示了桌面是如何翻转的

游戏桌

游戏桌可以有多种设计方式，桌面材料也根据桌上游戏类型的不同而有所不同。为了制作一个通用的游戏桌，桌面游戏板应该是可以翻转的。游戏板契合桌腿楔子，这样就可随时取走，从牌类游戏的毛毡表面变为棋类游戏的木质表面。另外两种是桌面中央部分可以从皮革表面翻转到木质表面，如从国际象棋棋盘表面翻转到双陆棋棋盘表面（图10.7）。

游戏桌的制作基本上与小型餐桌相同，桌腿通过卯榫和饼干榫与挡板相连，桌面使用斜孔螺丝固定，中央可翻转的游戏板与桌面齐平。

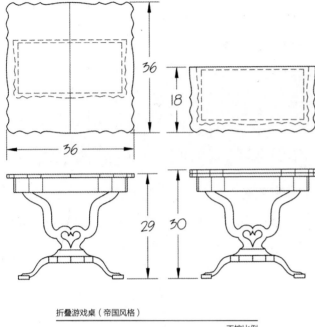

折叠游戏桌（帝国风格）

不按比例

图10.9a　折叠桌，展开后桌面尺寸变为两倍

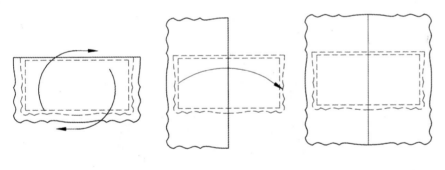

折叠游戏桌（桌面细节）

图10.9b　桌面旋转展开过程

翻转游戏桌

　　这是一种简单的桌子类型，桌面中心部位与桌框铰接，连接处是一根金属棒，从桌面游戏板一侧的孔中穿过，与桌框边缘相连。桌面中央以两侧金属棒为旋转轴，这样就可以从一侧旋转到另一侧。当桌面翻转时，使用插针从枢轴另一侧将其固定（图10.8）。

折叠游戏桌

　　这种类型的桌子有折叠桌面，可旋转展开，使桌面变大。当桌面合上，可作为靠墙的蜗形腿台桌，节省空间。当桌面展开，就可以变作小餐桌或游戏桌（图10.9a、图10.9b）。

　　桌面铰接，合上时桌面可向上堆叠。当桌面旋转到一定角度即可展开，桌面面积达到原来的两倍。因此，一张合上时为18英寸×36英寸的桌子，展开时桌面扩大到36英寸×36英寸。（1英寸=25.4毫米）

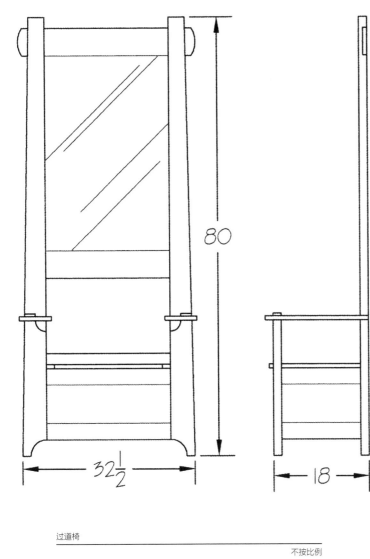

过道椅

不按比例

图10.10　工艺美术风格带镜过道椅

过道椅

　　过道椅根据设计不同，有多种功能，可置于家中前门或前厅，可用于存放东西，如用作衣架，还可用作换鞋椅，方便做出门准备或脱靴子。过道椅一般较高，因此通常椅背可加装镜子。椅背横档上方加装金属衣挂钩，椅座用铰链连接而内部是箱式储存空间（图10.10）。

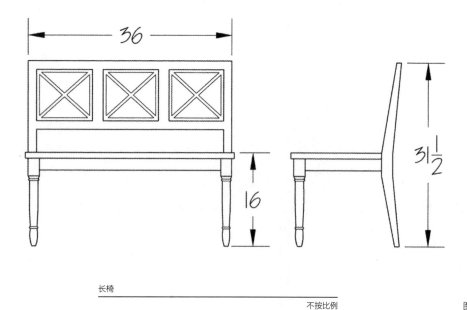

长椅

不按比例

图10.11a　带靠背双人小型长椅

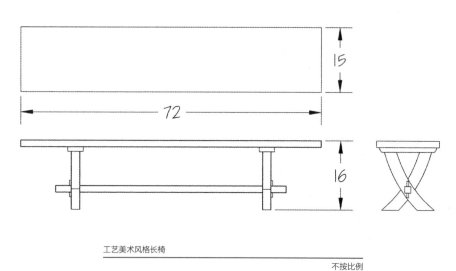

工艺美术风格长椅

不按比例

图10.11b　工艺美术风格长椅

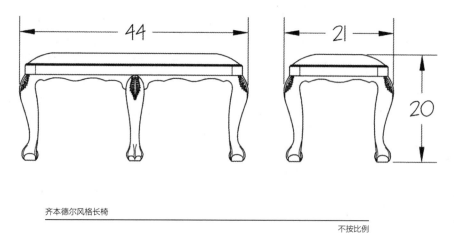

齐本德尔风格长椅

不按比例

图10.11c　齐本德尔风格带爪脚双人长椅

长椅

　　长椅的尺寸与椅子相似，座位一般距地面15英寸至20英寸（1英寸=25.4毫米），可以有靠背也可以只有座位区平面。长椅可以设计为单人或多人用，一般为2至4人用。长椅的尺寸一般由房间或大厅面积大小决定。如果是户外长椅，最好选用柚木制作，因为柚木具有自然油性，能够抵抗各种天气影响（图10.11a~图10.11c）。

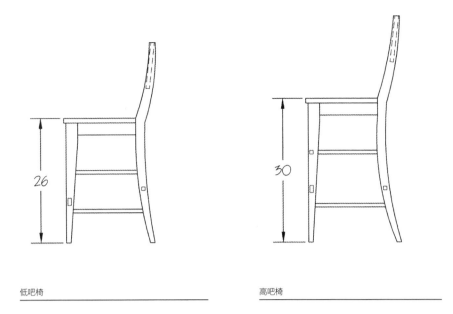

低吧椅   高吧椅

图10.12　左图为26英寸低吧椅，右图为30英寸高吧椅（1英寸=25.4毫米）

正面   背面

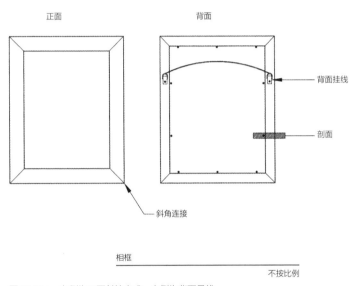

背面挂线

剖面

斜角连接

相框

不按比例

图10.13a　左侧为正面斜接方式，右侧为背面吊线

玻璃   实木框架

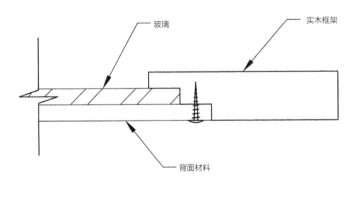

背面材料

剖视图（双嵌接）

不按比例

图10.13b　展示了框架、玻璃、背面的双嵌接剖视图

吧椅

　　吧椅的制作方法与餐椅类似，但主要有两点不同：一是吧椅的座位高度和整体高度都比一般椅子要高；二是吧椅椅腿处需加横档，以增加支撑力，也方便使用者将脚搭在上面。

　　通常来讲，吧椅主要有两种尺寸，可根据吧台高度进行选择。如果吧台高度是常规的36英寸，那么搭配26英寸高度的吧椅；（1英寸=25.4毫米）如果吧台高度是40英寸，那么选择30英寸高度的吧椅，或者根据需要可选用高脚吧椅。根据经验，吧椅的座椅高度比吧台台面高度低大约10英寸（图10.12）。

相框或镜子

　　相框的制作中使用斜接角，可以隐藏端面。一种将玻璃与图片或镜子粘附在一起的方式是在相框后沿内部安装两个槽舌接合。一个槽口支撑玻璃与图片或镜子，另一个槽口支撑1/4英寸厚的胶合板作为背衬材料，并用螺丝固定在框架背部。然后增加吊线，嵌在框架背部，均衡分布力量（图10.13a、10.13b）。

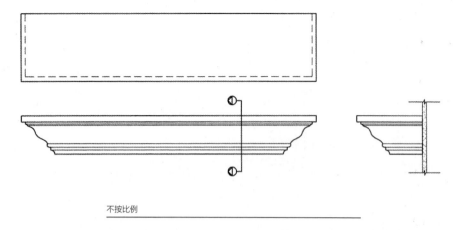

不按比例

图10.14a　浮动壁架正视图

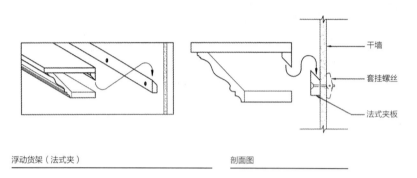

干墙

套挂螺丝

法式夹板

浮动货架（法式夹）　　　剖面图

图10.14b　法式夹板浮动壁架细节图

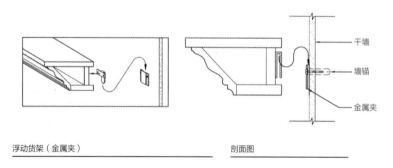

干墙

墙锚

金属夹

浮动货架（金属夹）　　　剖面图

图10.14c　金属支撑夹式浮动壁架细节图

浮动壁架

　　浮动壁架的设计、构成、安装有多种方式。图10.14a所示为冠形装饰的架子，它内部中空以装配五金件，兼具装饰性和功能性。架子根据设计需要，可用一个法式夹板、一对金属支撑夹及特殊螺钉，安装在墙壁（图10.14b~图10.14d）。每种五金件装配使用两部分体系，一部分装配在架子背面，另一部分装配在墙壁。然后架子固定在墙壁的支架上，支撑架子重量。如此架子装在墙上，可以隐藏固定螺丝。

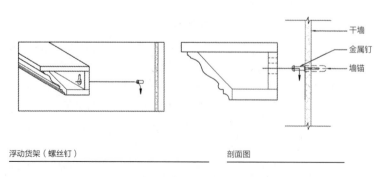

干墙

金属钉

墙锚

浮动货架（螺丝钉）　　　剖面图

图10.14d　螺丝钉安装浮动壁架细节图

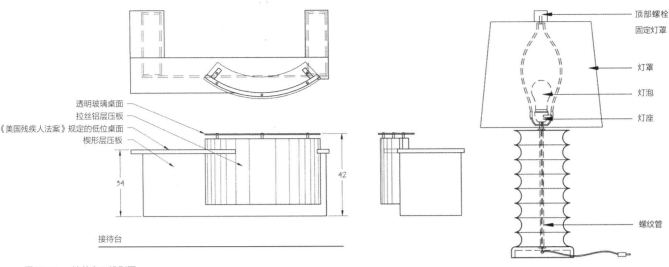

透明玻璃桌面
拉丝铝层压板
《美国残疾人法案》规定的低位桌面
楔形层压板

42

54

接待台

图10.15　接待台正投影图

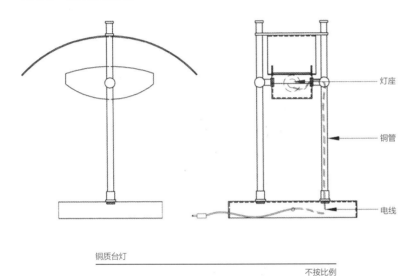

灯座

铜管

电线

铜质台灯

不按比例

图10.16b　带弧形金属罩的金属落地灯

图10.16c　带金属罩的铜灯

顶部螺栓
固定灯罩

灯罩

灯泡

灯座

螺纹管

台灯（典型造型）

不按比例

图10.16a　带典型常用灯罩的木质底座台灯

接待台

接待台一般是根据客户要求进行设计的，通常是人们走进一家公司后看到的第一个地方。因为属公共空间，需符合《美国残疾人法案》中相关规定，即部分台面最高不超过34英寸，以便客人书写（图10.15）。为满足法案规定，可将接待台前方台面从42英寸降至34英寸。（1英寸=25.4毫米）

基础灯具构造

灯具包括电气基本组件：灯泡、插座、螺纹管、电线、插头、螺母及垫片。需要注意的细节是，设计时将电线藏于设备中，将螺纹管安装于插座上，电线从中穿过到达底部。如果灯具有木质底座，可钻孔穿过螺纹管；如果灯具是金属材料，可使用金属管材解决这一问题（图10.16a-图10.16c）。

待装家具

待装家具（RTA furniture）也称作拆装式家具（KD furniture），由海外生产，通常品质不高，因为材料多使用的层压饰面刨花板，而且不是整体实木家具。生产商生产自行组装家具是为了降低运输成本，家具拆装后占用空间更小，同时也降低了生产成本。这种类型的家具有特殊接口，便于终端用户使用简易工具就能自行完成组装。

任务与测验（1英寸=25.4毫米）

任务1：设计折叠桌

说明：请绘制一套活动翻板桌或门边桌图纸，其中应包括标准正交投影及其他对家具结构与特征进行说明的细节描述。

第1部分：绘至少10幅比例与细节设计草图。

第2部分：由草图进行AutoCAD或手工正投影视图创建，使用3/4英寸或1英寸比例尺度，同时需满足以下要求。

A. 整体作正投影视图，对材料名称与尺寸等进行标注

B. 正投影视图中带有隐藏线

C. 带有能够显示家具特征的细节，如边缘轮廓线

第3部分：创建正投影视图，并对各视图进行马克笔渲染，包括材料表面、高光、阴影等的创建。

任务2：设计游戏桌

说明：请绘制一套游戏桌图纸，可以是标准游戏桌、翻转游戏桌或折叠游戏桌，其中应包括标准正交投影及其他对家具结构与特征进行说明的细节描述。

第1部分：绘至少10幅比例与细节设计草图。

第2部分：由草图进行AutoCAD或手工正投影视图创建，使用3/4英寸或1英寸比例尺度，同时需满足以下要求。

A.整体作正投影视图，对材料名称与尺寸等进行标注

B.正投影视图中带有隐藏线

C.带有能够显示家具特征的细节，如边缘轮廓线

第3部分：创建正投影视图，并对各视图进行马克笔渲染，包括材料表面、高光、阴影等的创建。

任务3：设计吧椅

说明：请为低吧椅和高吧椅各绘制一套图纸，使用隐藏线展示结构，并从人体工程学角度体现凳子与吧台台面的关系。

第1部分：绘至少10幅比例与细节设计草图。

第2部分：由草图进行AutoCAD或手工正投影视图创建，使用3/4英寸或1英寸比例尺度。同时需满足以下要求：

A.整体作正投影视图，对材料名称与尺寸等进行标注

B.正投影视图中带有隐藏线

C.带有能够显示家具特征的细节，如边缘轮廓线

第3部分：创建正投影视图，并对各视图进行马克笔渲染，包括材料表面、高光、阴影等的创建。

任务4：设计镜子

说明：请绘制镜子设计可视图，使用隐藏线展示结构细节。

第1部分：绘至少10幅比例与细节设计草图。

第2部分：由草图进行AutoCAD或手工正投影视图创建，使用四分之三或1英寸比例尺度，同时需满足以下要求。

A. 整体作正投影视图，对材料名称与尺寸等进行标注

B. 正投影视图中带有隐藏线

C. 带有能够显示家具特征的细节，如边缘轮廓线

第3部分：创建正投影视图，并对各视图进行马克笔渲染，包括材料表面、高光、阴影等的创建。

词汇表

A

安妮女王风格（1700~1755） 一种家具风格，命名源于英国安妮女王（1702-1714），这种家具风格至今仍盛行。主要元素之一是卡布里弯腿，可给人一种轻巧、优雅之感。

凸缘 与凹槽相反的一种装饰细节，长形珠饰线条贴于表面。

安乐椅 一种法式软包扶手椅。

B

斑马木 产自非洲，深浅相间的带状条纹，类似斑马身上的花纹。由于斑马木价格较高，多用做装饰单板。

玻璃橱窗 一种家具类型，顶部和侧面都安装玻璃，用于展示物品，通常有桌子大小。

薄木贴面板 将木材经过加工处理，制成薄木切片，有不同种类和尺寸可供选择，4英尺*8英尺/英尺*8英尺。

板条靠背椅 一种椅子类型，椅背由竖直板条制成。

比例尺 与人体尺寸相关的标准的相对尺寸。例如，1/4比例尺意味着图纸距离1/4英寸代表实际距离1英尺。

耙状 有倾斜角度或倾斜的腿足，而非垂直腿。

比例 整体中各部分尺寸的关系。例如，一张大桌使用锥形腿就会看起来轻巧，一张小桌子使用粗腿就会看起来很重。

菠萝纹 一种雕刻花纹，常见于19世纪早期英美床柱之上，仿照菠萝表皮花纹雕刻。

饼形桌 通常是一种圆形的边桌或柱脚桌，桌边向上卷起。

宾夕法尼亚荷兰人风格（1729~1830） 一种简洁、朴实、直线条的家具风格，基于功能需求，其特点主要体现在家具表面深浅着色以及色彩鲜艳的民俗画装饰。

八方手束 一种固定软包家具中弹簧座椅的方式，八个弹簧固定在八个不同方向，使得弹簧能够形成一个完整系统，而非单独工作。

白蜡木 产自北美的一种硬木，颜色浅，宽纹

图案，用于制造家具，也可用于制造棒球棒。

不对称 一个物体不是自身镜像而成。

贝杰尔椅（路易十四、十五时期） 一种扶手椅，靠背及侧面均装有软垫，座面采用较厚的弹性坐垫。

毕德迈尔风格（1815~1848） 一种家具风格，通常使用浅棕色木材，运用建筑细部的装饰。这种德式家具风格，采用曲线，对比效果鲜明。毕德迈尔风格（Biedermeier）并非以设计师的名字命名，而是两个德语单词的结合，bieder意为常见、普通，而Meier是德国常见姓氏。

波士顿摇椅 由温莎椅演变而来，区别在于有扯旋轮形成摇杆。

巴西樱桃木 一种产自拉美的硬木，又称李叶苏木，颜色棕红色，具有均匀直纹，与北美樱桃木类似。

板式家具 即非软包、木头结构外露的家具，用于容纳家居用品。

邦恩脚 一种低矮车工腿足，通常用于软包家具或大型储类放家具。

C

车削 一种家具腿足类型，由车床加工而成。开始时工件为块状，然后车刀对旋转的工件进行车削加工，形成最终成品。

错视画 Trompe l'oeil为法语词汇，意思是"欺骗眼睛"，是一种可令人产生错觉的画法，例如，使家具或墙面等平面图画呈现出三维的效果。

触觉肌理 可看到或感觉到的肌理，如桌缘的雕刻细节。

锥形腿 家具的一种腿足，靠下逐渐变小。

转椅 一种旋转椅，中央是固定支撑的基座，椅子上部可围绕其左右旋转。

对称 指中轴线两边的各部分，大小和形状一一对应。

次主导性 占第二位重要性的，比主导性形状或造型略小，作为组合设计中的辅助元素。例如，在卧室中，梳妆台是次主导性家具。

从属性 通常指设计中最小的元素，有时被称

为特色元素。例如，在卧室中床头柜是从属性家具。

拆卸式活动座椅 也称嵌入式软座椅，由软座嵌入到椅子框架之上，可轻松移除。

餐具柜 餐厅家具，类似于自助餐台。

长靠椅 一种小型长椅或沙发。

重复 在同一组合中反复使用相同的视觉元素，如同一种门饰面设计应用于一系列家具中，如卧室家具。

长条餐桌 一种长形桌，带重型桌腿和横档。

紫心木 一种产自于拉丁美洲的硬木，紫色，直纹。

紫檀木 产自非洲的一种硬木，颜色从橙色到红色不一，深色直纹。

长轴 构图布局平衡的基准线，如长形餐桌的长轴是水平轴。

承重 结构中用来承重的部分，如桌子的承重结构就是桌腿，它们支撑着桌子重量。

层压板 一种材料薄板，如塑料、金属或三聚氰胺等，通过胶固于基材之上。

拆装式家具（KD） 家具零件运送给消费者，可自行组装。也称待装家具（RTA）。

层级 一组事物按照层级、等级、阶级分类排列。例如，成套的餐椅中，置于桌子两端的扶手椅比边椅具有层级。

床头板 床的靠背部分，使用夹板将其固定在墙上，与床尾板及围栏，组成完整的床。

赤杨木 产自北美的一种硬木，呈浅棕色。因木质较软，加工性能良好，适于家具制造、雕刻、车削等。

餐具柜 一种边柜，如今用作档案柜。

齿状装饰 一种模块设计的装饰细节，形成一种虚实相间的样式。

餐桌椅 摆放在厨房角落的一套小型桌椅。

D

多样化 同一物体、材料等的不同形式。

待装家具（RTA） 家具零件运送给消费者，可自行组装。也称拆装式家具（KD）。见拆装式家具（KD）。

短轴 构图布局的次级基准线，如长形餐桌的

短轴是垂直轴。

镀金 一种涂饰工艺，在基材表面镀上一层薄薄的黄金或类似的金属材料。

电视柜 一件大型家具，用来储放家庭娱乐设备，如电视及音频、视频组件。

端接拼花 两块薄板按纹理拼接，形成连续的纹理图案。

帝国风格（1800~1840）源自法国的一种家具风格，设计采用家具深暗的涂饰、优雅的线条和稳健的比例，营造出视觉感官上的坚实感。

对比 一件物体有一部分在造型、线条和颜色方面与其他部分全然不同。例如，一件家具使用两种不同的木料，如颜色浅淡的枫木和深紫色的紫心木。

斗柜 一种有一系列抽屉组成的家具，通常呈竖长形。

对接榫 一种木榫，使两物体水平接合或端部对头接合。

断层式橱柜 一种碗架或餐具柜，中间部分突出或两边部分缩进。

顶部帽式 一种顶部呈兜帽、软帽类拱形的设计风格，典型家具是顶部帽式橱柜。

大橱柜 大型独立式家具，过去用于储放衣服，现在多设计作为电视柜。

E

伊丽莎白风格（1558~1603）一种家具风格，命名为英国女王伊丽莎白一世，并非统一的古典家具风格，但这种风格的诸多家具都带有建筑特色。

F

非写实 指从形状或造型出发，对原图进行写意的变化。可用于在家具雕刻中进行艺术创作。

纺锤杆 一种车削木料，常用于制作椅背。

枫木 产自北美的一种硬木，颜色浅黄，纹理从直纹到中等纹图案不一，可用于家具、橱柜、地板铺装。其他枫木种类包括雀眼枫木、田园枫木、卷纹枫木、硬枫木、絮状枫木、软枫木和渍纹枫木。

方向 物体因其形状而形成的方向。例如，高形书橱为直立方向，长形餐桌为水平方向。

仿古磨损 一种家具细节，通过印迹、凹痕和缺口，使家具看起来老旧，呈古董的样子。

封边条 家具表面四周封边用，与表面颜色或纹理不同，如桌面四周细部处理。

浅浮雕 浮雕不深，所雕刻图案浅浅地凸出于底面。

附加空间 在家具上附加功能空间。

浮雕细工 一种应用于家具和建筑的木工装饰，如维多利亚时代家居装饰。

G

光面漆 一种透明涂层，用以保护家具底漆及颜色。

高浮雕 雕刻的一种，类似浅浮雕，但雕刻的图案花纹更深，营造出一种立体感。

高脚橱 一件家具，含有一系列竖排抽屉，底部有腿足，形成视觉上的轻盈感。通常采用卡布里弯腿，沿袭传统风格。

高纤板 高密度纤维板，或梅森耐特纤维板，是使用木质纤维加工制成人造板材，比中纤板密度更高、质地更坚硬，主要用来制造平板类家具商品。

古玩柜 具有玻璃架和玻璃门的柜子，通常是窄柜。

工匠 家具制造或其他行业中训练有素的匠人。也指工匠风格，工艺美术运动风格。见工艺美术运动风格。

工艺美术运动风格（1880~1910）一种家具风格，反对维多利亚工业主义，这种手工制作的家具强调手工艺，以细木工艺为主要设计元素。这种风格也称使命派风格，见使命派。

"格式塔"视觉原理 该视觉原理认为整体不等于部分之和，视觉整体感知不等于单个元素的集合。

格丽斯擦色 一种涂饰工艺，可改变木材颜色并突出纹理。

哥特风格（1150~1550，并于19世纪复兴）一种建筑风格，在家具设计中占有举足轻重的地位。这个时代最容易辨认的元素便是哥特式拱形结构，拱形尖顶。

H

护壁板 室内装饰的细节，一般采用木材等为基材，装饰横档、竖档或墙体下半部分装饰面板。

胡桃木 产自北美的硬木，深棕色，纹理从直纹到宽纹图案不一。

横档 桌椅等家具腿部的支撑结构。

活动靠背扶手椅 一种软椅，靠背向后倾斜。

横档 柜门的水平结构框架。

活动翻板桌 一种桌子类型，通过升高或降低铰接的翻板，可展开增加桌面面积。

赫普怀特风格（1765~1800）一种家具风格，以设计师乔治·赫普怀特命名，他曾就其设计于1788年出版著作《家具制作师与软包师指南》。这种风格家具的特点为锥形腿、贴面、镶嵌等装饰元素的应用。

山核桃木 产自北美的一种硬木，白色到棕色不一，深棕色直纹。

J

鸡翅木 产自非洲的硬木，纹理直，颜色从深棕到黑色。

脚轮矮床 适用于小型空间的一种床的样式，由高低两张床组成，只占用一张床的空间，较低的床带脚轮，平常不用时可以塞进较高的床的床底下。

减材制造 使材料在制造中减少，如木材雕刻。

竖档 柜门的竖直结构框架。

节奏 以设计元素或特征规则性出现为特征的韵律或律动。

聚氨酯 一种合成产品，可用作软垫的泡沫材料，也可以在涂饰过程中作为透明涂层涂在表面。

胶合板 一种人造板材，胶合板是由木段切成薄木板，再用胶粘剂胶合而成多层板状材料，相邻层单板的纤维方向互相垂直。通常用于家具的厚度规格为1/4英寸、1/2英寸和1/3英寸。

基座 指家具的方形底座；建筑中常见于圆柱底座。

金箔 一种涂饰工艺，将黄金制成薄片覆于基材上；同样，使用白银制成的，叫银箔。

角柜 摆放在房间角落的柜子。

脚轮 安装在家具底部的轮子，使其可以自由滑动。

K

空隙 未被占用的空间。

卡布里弯腿 一种带锥形脚的弯腿，通常见于安妮女王风格的家具。

孔罩 家具中球形把手、吊环、锁眼盖的背板孔罩。

L

螺旋腿 一种家具腿足，常雕刻成扭曲或螺旋形状。

勒条椅背 一种椅背装饰，类似于缠绕丝带的椅子，多数齐本德尔风格椅子都有此种装饰细节。

洛可可风格 一种家具风格，源于18世纪早期的法国，深深影响着建筑和家具设计。

拉盖书桌 书桌前方有板条嵌板，可以摇下锁住，以保护内部隔间。

联邦式风格（1780~1820） 一种综合了赫普怀特风格和谢拉顿风格特点的家具风格，常采用简洁直线、锥形腿和镶嵌工艺。

路易十三风格（1610-1643） 一种法式家具风格，给人一种大体量、坚实、厚重的感觉，带有明显的雕刻工艺和车削手法特征。其设计受意大利、西班牙影响很大。

梁柱 一种立柱结构，如桌腿构造。

路易十四风格（1643~1715） 一种基于路易十三风格基础上的家具风格，这一时期的法国宫廷皇室与上层贵族阶级生活奢侈，装饰等也都极尽奢华。家具的一个主要特征是椅子及其他家具的X形横档。

路易十五（1715~1774） 这一时期法国正经历社会变革，家具风格也处于过渡时期，早期受路易十四风格影响，仍沿用X形横档等细部设计。

路易十六（1774~1789） 这一时期家具腿

部由柔性弧形曲线结构转向了刚性车削加工，椅子靠背则通常使用简单的椭圆与圆圈结构。

M

明暗度 色彩相对明暗程度。

秘书桌 指一种下方带下拉写字台和抽屉的书桌。

木销钉 插入钻孔的圆形木楔，用以连结两个部件，这类细木工常用于大规模生产家具。

面板 指橱柜门扇中由竖档、横档固定的中央部分。

门腿桌 一种方圆两用折叠桌，有一条额外桌腿可向外旋开，当活动翻板翻上来时起到支撑作用。

模块化设计 标准尺寸和设计的模块单元，可以按不同方式进行组合装配。

线板 家具的一种装饰细节，包括底线板和顶线板以及平面贴板。

卯榫 一种细木工艺，连接两个相互垂直的部件。卯榫由两部分组成，卯眼（方形孔），凹入部分，榫头（木端），凸起部分。将"榫头"插入"卯眼"中，使两个构件连接并固定。

N

牛腿支托 牛腿基本形状如直角三角形，雕刻精美，通常用于支撑顶面。

P

蒲垫椅座 一种由香蒲、菖蒲或人工纸纤维制成的座椅。座椅编织图案形成四个独特的三角形。

皮革 动物皮毛用于制造软包家具或其他类型的家具。

平衡 设计中对视觉重量的感知。

平面 水平表面，如桌面。

Q

裙套 软包家具中，这类裙套垂至底部边缘，遮住家具腿足。

清教徒风格（1550~1600） 美式功能性家具，受英式家具影响大。

琴背椅 一种椅背设计方式，椅背做成竖琴式样。

乔治风格（1714~1760） 一种家具风格，以英国国王乔治一世、乔治二世命名，是在安妮女王风格基础上发展起来的，却更加华丽。它的设计尺寸较大，雕刻精巧细致，常用带有球形脚的卡布里弯腿或爪形脚。

纤维板 一种人造板材，以木质纤维加胶压制而成，常见有中纤板（中密度纤维板）。

嵌入式软椅座 也称可拆卸式活动椅座，由软座嵌入到椅子框架之上，可轻松移除。

曲线 圆弧和曲线形成的流线造型，如采用车削基座的圆形柱脚桌。

齐本德尔风格（1750~1790） 一种家具风格，命名于托马斯·齐本德尔，一位木工和设计师，他曾就他的设计在1754年于英国出版过著作《绅士和家具制作指南》。他的设计融入多种设计风格影响，老齐本德尔家具成为当前古董收藏炙手可热的家具样式。

曲形家具 一种家具风格，家具的正面或侧面向外弯曲，通常有抽屉。

球爪脚 一种雕刻细部，呈鹰爪抓球状，通常可见于卡布里弯腿足部。

R

软包家具 一种外层覆盖织物、皮革或其他软质材料的家具。

软椅 无靠背、无扶手的软垫座椅或脚蹬。

日式床垫 一种可折叠的沙发/床，只有一个大型软垫。

人体工程学 在设计中研究人类尺度，是制造实用型家具的关键因素。

S

视觉流程 设计旨在诱导观众的视线。

视觉质感 内含的质感无需直接触摸，如斑马木、波纹枫木的纹理，显得很有质感。

舌槽榫 一种细木工艺，木料一侧有榫槽，另一侧有榫舌，可使部件永久接合。这种榫接方式适用于木地板或家具。

四叶饰 一种装饰图案，分成四个均等的弧线，常作镶嵌或镌刻，装饰于表面。

实空间 被物体占用的空间。

松木 一种产自北美的软木,颜色从浅黄到深黄到浅棕不一。

三角楣饰 古时建筑横梁上一种三角形的装饰形式,用于床或橱柜的顶部装饰。

双弯曲线 一种边缘处理风格,双曲线,一半凸一半凹。常见于桌缘或门细部。

使命派 一种家具风格,反对维多利亚工业主义,手工制作家具,以细木工为主要设计元素。这种风格也称工艺美术运动风格,见工艺美术运动风格。

双人沙发 两人座的小型沙发。

栅格 一种纵横交错的木质图案,由木条互相垂直固定而成。

四柱床 一种床的类型,床的四角立有四根床柱,直指向上,这些床柱正是这类家具的典型特色。

设计重点 设计的一个原则在于突出特色设计,其余皆是搭配设计。例如,顶部帽式橱柜的设计中,顶部的雕刻形成整体家具的焦点。

梳妆台 家具通常由竖排、横排的抽屉组成,一般较为低矮,约30英寸~36英寸高。多数妆台安装镜子。

双层斗柜 一种双层家具,上下两层均由一系列抽屉组成。

斯特菲尔德式 一种沙发样式,特点是有等高的扶手和靠背。

梳妆柜 是一种将梳妆台与斗柜结合在一起的家具样式,通常一侧是一排抽屉,另一侧是镜子和几个小抽屉。

树瘤 可制成饰面板,有涡卷纹理。

书页拼花 将木料一切为二,两拼的面板如同打开的书页,纹理对称。

双褶门 一种门的类型,中间部分铰接,当门打开时中间折叠起来,从而可节省空间。

斯堪的纳维亚风格(1930~1950)一种源于丹麦和瑞典的家具风格,也被称作当代风格,常使用天然木材和饰面。

S型弹簧 也称Z型弹簧。软包家具中连接横档的金属丝,使得椅座和椅背形成一种弹簧效果。参见"Z型弹簧"。

顺花 将装饰薄板按次序拼合形成如钻石或旭日的花纹。

沙发 一种宽大的软包家具,至少3人座位。

沙发桌 一种狭长的桌子,设计安放在沙发的后方。

实体 无破裂或分割。

T

体积 家具所占空间。

统一性 一组具有共同特点的部分。例如,客厅家具的橱柜、茶几、沙发均采用同一种类型的腿足。

脱漆 家具去除涂饰材料的过程。

弹簧垫 坐垫中有螺旋弹簧,外层用泡沫、棉套、表面材料包覆。

凹槽 家具上刻凹槽条纹,形成类似建筑细部的装饰。

凹椅座 椅座的前部和中部被削去一部分,呈凹形,如温莎椅。

铜锈 经老化、氧化或摩擦等方法,使外表面改变的一个步骤。

贴板 覆于木质表面的材料,通常作装饰用。

套桌 一套桌子,尺寸上一件比一件矮小,可逐件置于另一件下方。

体量 指体积、尺寸、规模。例如一个树干式咖啡桌,与一张有四条桌腿且桌下空虚的咖啡桌,体量是不同的。

桃花心木 一种硬木,产自非洲的称为非洲桃花心木,产自拉丁美洲的称为洪都拉斯桃心木或正宗桃花心木,颜色从淡粉到红棕色不一,直纹。

梯式靠背椅 椅背有水平梯极横木制成,如梯子一般。这种椅子常见于夏克风格的家具。

提琴形背椅 一种椅背似提琴形式的椅子。

躺椅(长椅) 仅在一端有靠背扶手可坐可卧的法式躺椅,可以伸长。

天篷床 一种床的类型,床的四角立有四根床柱,直指向上,主要特色在于床顶带帐篷,类似天篷。

藤制家具 使用藤条编织图案制作座椅,给人一种轻巧之感。

驼背式 一种沙发造型设计,沙发的背部中央呈驼峰状。

W

维多利亚风格(1840~1910)一种家具风格,以英国维多利亚女王(1901~1837)命名,当时正值机器时代的开始,初次开始大规模批量生产家具。

文艺复兴风格(1460~1600,19世纪复兴)一种家具风格,源于意大利,继承了哥特风格家具特色。这一时期家具注重实用性,常使用雕刻工艺和漩涡形装饰。1850~1880复兴时期家具仍采用相同装饰细节,通常使用胡桃木制造。

纹理 因树木生长而形成年轮,木材上才出现了纹理。纹理图案因不同种类树木而不同,也会因木材横切、径切而不同。

乌木 一种产自非洲的硬木,黑色,因价格昂贵通常用于局部点缀或镶嵌。

威廉与玛丽风格(1690~1725)这种风格命名于威廉国王和玛丽王后(1689~1694),家具的典型特征在于车削腿和球形脚,用材选用胡桃木。

温莎椅 靠背由一组纺锤形杆件组成,腿部采用车木形态,加横档。

X

夏克风格(1820~1860)一种源于美国的简洁朴实、功能实用的家具风格。常见的装饰细节有锥形腿、梯式靠背、编织椅座、简洁木质球形把手等。

形状 物体或空间的二维外形,与三维造型成对比。

谢拉顿风格(1780~1820)一种家具风格,命名于设计师托马斯·谢拉顿,他曾在1791年著作出版《家具制作师与软包师图集》。这种新古典主义家具线条精致,制作轻巧,带有镶嵌装饰的对比色镶板应用较多,曾在美国广泛生产。

橡木 产自北美的一种硬木,呈浅棕、中棕色,宽纹图案。这种木材用于家具、橱柜、地板铺装。径切橡木板常用于工艺美术运动风格家具。

休闲桌 一种小型桌子,也称为茶几或鸡尾酒桌。

现代派 20世纪的家具基于满足基本功能需求，简洁现代设计形式与风格，可大规模生产。

线 视觉上对长度的认知，指一个点任意移动所构成的图形。

镶嵌 一种设计手法，将有差异的木料或其他材料嵌入凹槽中，高度与四周相同，形成一个有对比效果的平面。

小柜 意指带门的小柜。

小衣柜 通常是由一组抽屉组成的竖长型家具，也称作内衣柜。

悬臂梁 伸出的横梁或结构，仅由家具一端支撑，通常固定在墙壁上。

新艺术风格（1890~1910） 一种家具风格，打破维多利亚风格的束缚。新艺术风格起源于法国，以流动曲线和精巧图案为特征。

X轴 水平方向。

X 形椅 一种受古罗马时代设计的椅子，椅腿呈鲜明的交叉"X"结构，向上连接把手，形成座位。

X横档 路易十四时期横档样式，连接椅腿，对角交叉呈"X"形。

Y

翼状靠背椅 一种有拱手的软包椅子，靠背上方呈翼状。

柚木 产自亚洲的一种硬木，中棕色。这种木材常用于室外家具或造船，因为柚木具有自然油性，能够抵抗各种天气破坏。

银箔 一种涂饰工艺，将白银制成薄片覆于基材上；同样，使用黄金制成的，叫金箔。

原木锯成四块 一种板材切割工序，原木在变为板材前径切成四块。

隐蔽推拉门 一种可以推拉的门，通过一种包含暗铰链、抽屉滑轨特殊设计的五金件，打开时使门隐藏在柜子里面。

窑干 将木材送入大型烤炉进行干燥，逐渐升温以减少木材所含水分。所有外售的木材都是经过窑干的。

雅各宾风格（1603~1690） 一种家具风格，起源于英国，是早期美国家具经常参考仿照的对象。它常用暗黑色饰面，并将直线与华丽的雕刻相融合。

压花 利用压力作用将设计图案压制木材表面，看起来如雕刻般。

燕尾榫 一种细木工艺，常见于抽屉结构，因连锁切割如燕尾一般而得名。

樱桃木 一种产自北美的硬木，中棕色，直纹至中纹图案不一，常用于制造家具及橱柜。

桦木 产自北美的一种硬木，色浅，纹理从直纹到宽纹图案不一，与枫木颜色、纹理类似。

Y轴 竖直方向。

亚当风格（1760~1790） 一种家具风格，命名来源于英国建筑师、设计师罗伯特·亚当。这一时期的家具通常采用直线结构，作镶嵌装饰，装饰图案以古典题材居多，表面进行彩绘装饰。

牙板 餐桌桌面下设置连接桌腿的横板。

约克郡椅 通常由橡木制成。桌腿经过车工处理，并有横档，可以是扶手椅，也可以是无扶手椅。

Z

织带 软包家具中的支撑，条带编织，给坐垫增加弹性。

支架桌 一种桌子样式，桌子各边可作为支架，支撑桌子的重量。

张力 推拉力下对家具产生影响的力，平衡或抵消。

着色 涂饰过程的一个步骤，给家具上色。着色剂通常包括水溶性着色剂、醇溶性着色剂和油溶性着色剂三类。

直线型 由直线组成，如带锥形腿的方桌。

柱脚桌 靠中央柱体支撑的桌子。

中纤板 中密度纤维板是使用软木纤维、蜡、树脂等加工制成人造板材，这种板材含有甲醛树脂，因此存在很高的健康风险。另外也有低密度和高密度纤维板，见低纤板和高纤板。

中世纪现代风格（1940~1960） 现代风格

起源尚有争议，开始于20世纪初期或更早，起源自索耐特14号椅子，工业革命使家具大规模生产成为可能。包豪斯继续钢制家具大规模生产，直至第二次世界大战前期。

桌柜 一种家具类型，下部类似自助餐台，上部是开放式货架用来展示各种餐具。

姿态 二维或三维图纸，用于快速表达想法，这是快速形成粗略想法的一个好方法。

装饰头 柱顶装饰细节，通常是车削加工，常见于四柱床。

造型 物体的实际形状和结构。

指形榫接 一种细木工艺，两木块均有部分切除，形状类似于梳齿，可以相互紧密锁合。

装饰薄板 切割形成图案的薄板，为表面增添细部和趣味设计。

折衷风格 将不同设计风格、色调融合，形成一种房间装饰或家具设计的独特风格。

早期美式风格（1640~1700） 一种简约、实用的家具风格，家具是由当地的木材制造而成，在很大程度上是基于英国、法国和西班牙风格形成的欧洲风格。

主导设计 通常指设计中最大型的物体，如在卧室中的主导性家具是床。

柱顶飞檐 柱子顶端装饰。

抓球爪式 腿足细部，类似鹰爪抓球，常见于齐本德尔式家具。

殖民风格（700~1780） 一种家具风格，综合了威廉与玛丽风格、安妮女王风格、齐本德尔风格家具元素，形成一种简朴风格。

自助餐台 与餐具柜类似，自助餐台用于餐厅，上部可增加一层，使其如碗架或餐具柜。

装饰艺术风格（1920~1940） 一种家具风格，在建筑、汽车设计、服装、图形设计及家具设计方面都有很大的影响。它通常采用镶嵌元素和曲线线条来构造不同平面，营造虚实空间的平衡。

Z轴 深度。

Z型弹簧 用于椅子垫衬的一种弹簧，也称作S型弹簧。参见"S形弹簧"。

索引

插图页码